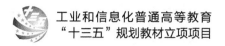

工业和信息化普通高等教育
"十三五"规划教材立项项目

数据科学与统计系列新形态教材

Cloud Computing
and Big Data Technology

云计算与大数据技术

于长青◎主编

刘宝宝 张善文 徐鲁辉◎副主编

微课版

人民邮电出版社

北 京

图书在版编目（CIP）数据

云计算与大数据技术：微课版 / 于长青主编. --
北京：人民邮电出版社，2023.4
数据科学与统计系列新形态教材
ISBN 978-7-115-60382-1

Ⅰ．①云… Ⅱ．①于… Ⅲ．①云计算－高等学校－教材②数据处理－高等学校－教材 Ⅳ．①TP393.027②TP274

中国版本图书馆CIP数据核字(2022)第205035号

内 容 提 要

本书重点阐述云计算与大数据的基本原理、关键技术、常用平台和应用案例。本书共 8 章，包括云计算和大数据基础、云计算架构、虚拟化技术、云计算技术、大数据技术架构、大数据技术、云计算与大数据应用、综合实践等。

本书配有 PPT 课件、教学大纲、教学计划、电子教案、课后习题答案、模拟试卷及答案、实验指导书、实验虚拟机，使用本书的老师可在人邮教育社区免费下载使用。

本书可作为高等院校数据科学与大数据技术、计算机科学与技术、软件工程、大数据管理与应用等专业学生的教材，还可供 IT 领域的技术人员学习使用，同时可作为云计算与大数据研究人员的参考书。

◆ 主　　编　于长青
　　副 主 编　刘宝宝　张善文　徐鲁辉
　　责任编辑　王　迎
　　责任印制　李 东　胡 南

◆ 人民邮电出版社出版发行　　北京市丰台区成寿寺路 11 号
　　邮编　100164　　电子邮件　315@ptpress.com.cn
　　网址　https://www.ptpress.com.cn
　　固安县铭成印刷有限公司印刷

◆ 开本：787×1092　1/16
　　印张：13.5　　　　　　　　2023 年 4 月第 1 版
　　字数：302 千字　　　　　　2025 年 1 月河北第 6 次印刷

定价：49.80 元

读者服务热线：(010)81055256　印装质量热线：(010)81055316
反盗版热线：(010)81055315
广告经营许可证：京东市监广登字 20170147 号

云计算、大数据、物联网、5G、人工智能是 21 世纪非常热门的技术，是 IT 行业未来发展的科技新动力。随着这些技术的发展和应用，云计算成为支撑社会高速发展的基础，能将数以亿计的设备接入网络，满足人们日益增长的对处理能力、存储空间和数据资源的需求。利用云计算资源、大数据技术，我们可以从海量的数据中挖掘出人们感兴趣的、尚未被发现的、有价值的信息。云计算与大数据结合，为智慧城市、智慧交通、智能制造、电子商务、电子政务等领域提供了强大的支持，不断推动社会向前发展。应用云计算与大数据创造未来，就需要有掌握云计算与大数据技术的专业人才，为了满足政府、企业和科研机构对云计算和大数据相关人才的需求，很多高校相继开设了云计算与大数据技术的相关专业和课程。

本书面向社会对云计算和大数据人才的迫切需求，系统地对云计算和大数据的知识体系、技术架构、关键技术、常用平台以及典型应用进行由浅入深的介绍，帮助读者全面掌握云计算与大数据的相关知识。本书共 8 章，分为云计算和大数据基础、云计算相关技术、大数据相关技术、云计算与大数据应用、综合实践 5 个部分。具体内容如下。

第 1 部分（第 1 章）：云计算和大数据基础。介绍云计算与大数据的基本概念与特征、产生与发展以及它们与其他技术的关系。

第 2 部分（第 2 章～第 4 章）：云计算相关技术。主要介绍云计算架构、虚拟化技术以及云计算技术。其中，第 2 章详细介绍云计算架构基本概念、云计算架构设计与部署、云计算架构优化以及几种典型的云计算架构等；第 3 章具体阐述虚拟化基础、CPU 虚拟化、存储虚拟化、网络虚拟化、服务器虚拟化、虚拟桌面、应用程序虚拟化、几种典型的虚拟化软件等；第 4 章全面介绍云计算技术、分布式存储技术、云计算网络、云计算安全、云操作系统、云开发、云计算运维等。

第 3 部分（第 5 章～第 6 章）：大数据相关技术。主要介绍大数据技术架构和大数据技术。其中，第 5 章首先介绍大数据技术架构的概念以及设计，然后循序渐进地介绍 Hadoop 生态架构、Spark 生态架构、Flink 生态架构等；第 6 章按照大数据基本流程，介绍大数据采集与预处理、大数据存储技术、大数据计算技术、数据挖掘与可视化分析等。

第 4 部分（第 7 章）：云计算与大数据应用。介绍云计算与大数据在数字政府、工业领域、医疗健康、教育行业以及金融领域中的应用。

第 5 部分（第 8 章）：综合实践。结合某出行公司的客户案例，详细介绍搭建云平台、搭建大数据平台以及大数据采集与预处理、大数据实时分析和用户行为可视化。

本书从实际出发，循序渐进、由浅入深地介绍云计算与大数据相关知识，使读者更容易理解。此外，本书还配有 PPT 课件、教学大纲、教学计划、电子教案、课后习题答案、模拟试卷及答案、实验指导书、实验虚拟机等教学资源，助力教师教学。

本书由西京学院于长青担任主编，并负责全书的统稿工作。西安工程大学刘宝宝、西京学院张善文和徐鲁辉担任副主编。范晖、王曙光、赛炜、杨凯、任义烽等参与了本书编写工作，李丽萍、于雯瑄、关永健、魏猛猛、任忠豪、陈瑶、李月超、王鑫飞、郭陆祥等人参与了本书相关资料的收集与整理工作，西北工业大学尤著宏教授在本书的编写过程中提供指导，在此表示衷心的感谢。

本书还得到了国家自然科学基金项目（62273284）、陕西高等教育教学改革研究重点攻关项目（21BG051）、西京学院 2020 年研究生自编教材建设孵化培育项目（2020YJC-14）和西京学院 2023 年研究生自编教材建设出版发行项目（2023YJC-10）的支持。

由于编者水平有限，书中难免存在不妥之处。编者由衷希望广大专家学者和读者朋友能够拨冗提出宝贵的修改建议，修改建议可直接反馈至编者的电子邮箱：xajdycq@sohu.com。

编　者

目录

第 **1** 章 云计算和大数据基础

"云计算"和"大数据"这两个名词几乎已经家喻户晓、耳熟能详，但有多少人能够真正理解这两个概念，知道它们之间的关系呢？想必每个人都有不同的见解和理解。本章将介绍云计算和大数据的基础知识，让读者对这些概念有统一的了解和认识。

【本章知识结构图】

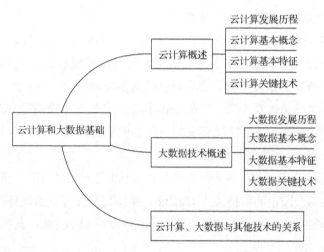

【本章学习目标】
（1）了解云计算与大数据的发展历程。
（2）理解云计算与大数据的服务模式和部署模式，以及云计算与大数据之间的关系。
（3）熟悉云计算与大数据的基础知识。
（4）掌握云计算与大数据的基本概念。

1.1 云计算概述

互联网革命带来了工业体系内技术的升级，推动了技术创新的浪潮，

1-1 云计算概述

1

催生了一系列技术——人工智能、虚拟现实、无人驾驶、区块链等。这些技术对人类社会的存在方式产生了巨大影响：不论是在物质生活还是在观念思想层面，向社会各个领域全面扩展，并深度改变人类的社会形态。

1.1.1 云计算发展历程

云计算的历史最远可追溯到 1965 年克里斯托弗·斯特雷奇（Christopher Strachey）发表的一篇论文，论文中正式提出了"虚拟化"的概念。而虚拟化正是云计算基础架构的核心，是云计算发展的基础。

20 世纪 90 年代，计算机和网络迅速发展，以思科为代表的一系列公司也应势蓬勃发展，硬件的自行采购和 IDC（Internet Data Center，互联网数据中心）机房租用成为主流的 IT（Information Technology，信息技术）基础设施构建方式。这一阶段，让更多的用户方便、快捷地使用网络服务成为互联网发展亟待解决的问题。一些大型公司也开始致力于革新具有大型计算能力的技术，为用户提供更加强大的计算处理服务。

2006 年 8 月，谷歌首席执行官埃里克·施密特（Eric Schmidt）在搜索引擎大会（SES San Jose 2006）上首次提出了"云计算"（Cloud Computing）的概念。同年，亚马逊推出了 IaaS（Infrastructure as a Service，基础设施即服务）平台 AWS（Amazon Web Service，亚马逊网络服务）。国内阿里云从 2008 年开始筹办云计算。

2009 年年初，美国 Salesforce 公司公布了 2008 财务年度报告，其中的数据显示公司云服务收入超过了 70 亿元人民币。从此云计算才正式成为计算机领域最令人关注的话题之一，也成为互联网公司发展和研究的重要方向。亚马逊已经初步形成包含 IaaS、PaaS（Platform as a Service，平台即服务）的产品体系，确立了在 IaaS 和云服务领域的全球领导地位。随后，出现了 IBM、VMware、微软和 AT&T 等世界级的云服务供应商。2011 年，谷歌宣布转型推出 GCP（Google Cloud Platform，谷歌云平台）。

2018 年，云领域开始合纵连横。其中，IBM 以约 2380 亿元人民币的价格收购红帽（Red Hat）；微软以约 525 亿元人民币的价格买下 GitHub，并将其开源方面的优势接入微软的 IaaS 领域；Salesforce 则斥资约 455 亿元人民币收购了云服务公司 MuleSoft，其拥有超过 1200 家客户，其中 45%是全球 500 强企业。

2019 年，以 IaaS、PaaS 和 SaaS（Software as a Service，软件即服务）为代表的全球公有云市场规模达到约 13181 亿元人民币，增长率为 20.86%。2020 年，全球云计算市场规模为 15771 亿元人民币左右。

自 2007 年以来，云计算在中国的发展先后经历了以下 4 个阶段。

（1）市场引入阶段（2007—2010 年）。云计算概念不够明确，重点厂商各自为阵，成功案例十分匮乏，人们对云计算的认知度较低。

（2）成长阶段（2011—2015 年）。人们开始对云计算逐步了解，越来越多的厂商开始步入云计算行业，应用案例逐渐丰富，能够给客户提供大量功能丰富的应用解决方案。

（3）成熟阶段（2016—2017 年）。云计算厂商竞争格局基本形成，SaaS 模式的应用逐渐成为主流，解决方案更加成熟、优秀。

（4）高速增长阶段（2018 年至今）。云计算市场整体规模偏小，落后于全球云计算市场 3 到 5 年。从细分领域来看，国内 SaaS 市场缺乏行业领军企业。

未来，受新基建[1]和企业数字化转型的推动，云计算行业将迎来"黄金发展期"，进一步发挥其操作系统属性，深度整合算力、网络与其他新技术，推动新基建赋能产业结构不断升级。

1.1.2　云计算基本概念

NIST（National Institute of Standards and Technology，美国国家标准与技术研究所）对云计算的定义是：云计算是一种按使用量付费的模式。这种模式提供可用的、便捷的、按需的网络访问，以及可配置的计算资源共享池（资源包括网络、服务器、存储、应用软件、服务等），这些资源能够被快速提供，且只需要投入很少的管理工作，或与服务供应商进行很少的交互。许多国家和行业都采用这个定义，它也是全球范围内引用最为广泛的定义之一。

"云"实质上就是网络。从狭义上讲，云计算就是一种提供资源的网络，使用者可以随时获取"云"上的资源，按需求量使用，并且"云"可以看成是无限扩展的，按使用量付费即可。"云"就像自来水厂一样，我们可以随时接水，并且不限量，按照自己家的用水量付费给自来水厂就可以。

从广义上讲，云计算是与信息技术、软件、互联网相关的一种服务，其计算资源共享池叫作"云"。云计算把许多计算资源集合起来，通过软件实现自动化管理，只需要很少的人参与，就能让资源被快速提供。也就是说，计算能力作为一种商品，可以在互联网上流通，就像水、电、煤气一样，可以方便地取用，且价格较低。

总之，云计算不是一种全新的网络技术，而是一种全新的网络应用概念。云计算的核心概念就是以互联网为中心，在网站上提供快速且安全的云计算服务与数据存储，让每一个使用互联网的人都可以使用网络上庞大的计算资源与数据中心。

云计算是继互联网、计算机后在"信息时代"的又一种革新，云计算是信息时代的一大飞跃。虽然目前有关云计算的定义很多，但概括来说，云计算的基本含义是一致的，即云计算是一种模型，用于描述提供和使用信息技术的基础设施以及相关服务的经济和运维模式，具有很强的扩展性和需求性，它将计算任务分布在大量计算机构成的资源池上，使各种应用系统能够根据需求获取算力、存储空间和信息服务，为用户提供一种全新的体验。用户可以按需对共享的可配置计算资源通过网络随时随地进行访问，仅需为他们使用的资源付费；可以实时更改服务功能，以满足特定用户的需求；通过云计算服务提供商提供的高度自动化、面向服务的平台，实现自助服务云。

---

1 新型基础设施建设（简称新基建），主要包括 5G 基站建设、特高压、城际高速铁路和城市轨道交通、新能源汽车充电桩、大数据中心、人工智能、工业互联网七大领域，涉及诸多产业链，是以新发展为理念，以技术创新为驱动，以信息网络为基础，面向高质量发展需求，提供数字转型、智能升级、融合创新等服务的基础设施体系。

1.1.3　云计算基本特征

根据 NIST 定义，云计算具有如下 5 个基本特征。

1．云计算是一种按需付费的、典型的自助服务模式

用户可以在没有任何服务提供商的帮助下购买、部署和关闭服务，根据需求购买资源和使用时长，并在完成时返回资源，以控制成本。

2．云计算需要无处不在的网络接入

由于云是一种始终在线且可访问的产品，因此用户通过网络连接和相关凭证，就可以随时随地访问所有可用的资源和资产，并进行管理、操作和使用。

3．云计算需要位置透明的资源池

本质上，资源池是云计算所有优点的核心。将许多分散的计算资源组合成服务器资源池，实现资源的动态分配和再分配，以便预测 IT 成本和控制资源，以期提高资源的利用率。云解决方案供应商和云服务提供商通常拥有大量可用的资源，数以万计的服务器、网络设备、存储设备和应用程序，能够为用户快速而经济地通过不同规模和复杂性的终端呈现资源。

4．云计算需要快速而弹性

弹性就是动态匹配用户需求的能力，即产品及服务的功能开发、获取、定价和供应都是弹性的，能够快速响应不断变化的用户需求。用户可以随时随地轻松部署任意数量的资源，并根据使用情况付费。比如对于周期性负载、间歇性使用的应用程序等，就可以利用云计算的快速而弹性的特性进行部署，企业不再需要支付如购买物理服务器等大量资本性支出，以支持临时性项目负载。

5．云计算采用按使用量计费的服务模式

云计算本身提供对资源消耗和利用情况的测量和控制。云计算支持自动报告、监视和警报等功能，云计算的服务模式能够准确地测量云资源的消耗并进行计费，为用户行为分析、变更提供决策支持。

1.1.4　云计算关键技术

1．云计算体系结构

云计算的目标是以低成本的方式提供高可靠、高可用、规模可伸缩的个性化服务。为了达到这个目标，云计算需要数据中心管理、虚拟化、海量数据处理、资源管理与调度、QoS（Quality of Service，服务质量）保证、安全与隐私保护等若干关键技术加以支持。云计算体系结构如图 1-1 所示。

（1）核心服务层：将硬件基础设施、软件运行环境平台、应用程序软件抽象成服务，这些服务具有可靠性强、可用性高、规模可伸缩等特点，能够满足多样化的应用需求。

（2）服务管理层：为核心服务提供支持，进一步确保核心服务的可靠性、可用性与安全性。

（3）用户访问接口层：实现端到云的访问。

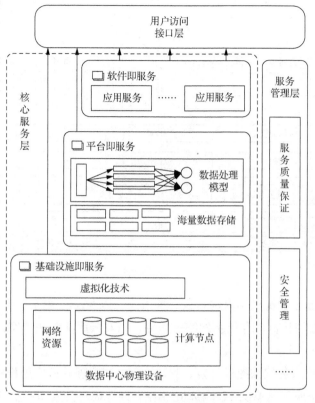

图 1-1　云计算体系结构

2．云计算服务模式

了解了云计算的基本概念和基本特征，根据用户当前的信息化状况、未来的期望状态、掌握的技术能力以及抗风险能力等因素，考虑如何给用户提供自助的服务、部署和使用云。云服务提供商通过建立可重用的云产品和服务模块，来设计、构建和管理应用，建设和维护云计算硬件基础设施。

云服务主要有 3 种服务模式，即 IaaS、PaaS、SaaS，如图 1-2 所示。可以看出，这 3 种服务模式互为构建基础，因此它们也被称为云计算"堆栈"。每一种服务模式在技术解决方案、经济性、复杂性、风险和部署水平方面都有所不同，了解这些服务模式以及它们之间的差异，有助于用户轻松地实现其业务目标。

（1）IaaS

IaaS 是云计算服务的基本类别，对应计算机的资源，包括 CPU、存储、网络等。使用 IaaS 时，用户可以采取即用即付的方式从服务提供商处租用 IT 基础设施，如服务器和虚拟机、存储空间、网络及操作系统等，获取应用所需的计算能力，并远程访问这些计算资源。用户不需要直接管理或控制基础设施，无须对支持这一计算能力的基础硬件设施付出相应的原始投资成本，只需要管理加载到基础设施的软件和功能，并根据需要的增量购买基础设施，以保证利用率。

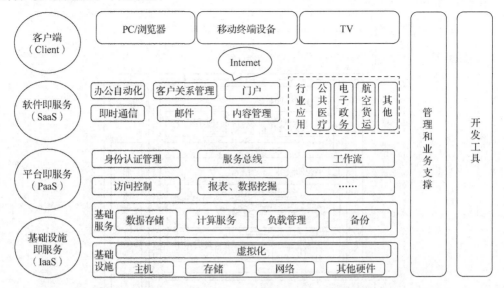

图 1-2　云计算服务模式

目前国内外的 IaaS 的提供商有阿里云、腾讯云、华为云、亚马逊云、微软和谷歌等，它们分别提供多种风格的计算、存储和网络等服务，以及云服务解决方案。

（2）PaaS

PaaS 是指云计算服务按需提供开发、测试、交付和管理软件应用程序所需的环境。PaaS 让开发人员能够轻松地创建 Web 或者移动应用，无须考虑对开发所必需的服务器、存储空间、网络和数据库基础结构进行设置或管理；提供计算平台或解决方案堆栈服务；提供 SOA（Service-Oriented Architecture，面向服务的体系结构）服务集成平台、云计算中间件；提供基于 Web 或 WAP（Wireless Access Points，无线接入点）的平台，开发运营商的网络服务器 API（Application Program Interface，应用程序接口），以实现自动伸缩，并根据需求通过 API 操纵基础设施。

典型的 PaaS 的提供商有阿里云、腾讯云、微软、谷歌等。

（3）SaaS

SaaS 是用户获取软件的一种新形式。用户按照某种 SLA（Service Level Agreement，服务水平协议），通过 Internet 从云服务提供商获取所需的、带有相应软件功能的服务。云服务提供商通常以订阅为基础按需提供软件应用程序，管理软件应用程序和基础结构，并负责软件升级和安全修补等维护工作。用户使用终端设备通过 Internet 连接应用程序。

当前，SaaS 的典型应用有网络会议、在线杀毒、在线邮件服务、在线进销存、在线项目管理等服务，典型的 SaaS 的提供商有谷歌、微软、SAP、阿里云和腾讯云等。

3．云计算部署模式

前面我们介绍了 3 种典型的云计算服务模式，这些模式都以不同的方式遵循云计算的 5 个基本特征。下面我们来讨论在每种云服务模式中，如何来启用和部署这些服务模式。为了向用户提供合适的解决方案，满足用户需求，首先要确定开发的类型或者云计算的基础架构，云服务将根据这些内容进行部署实现。部署云计算资源有 3 种典型模式，即公有云、私有云和混合云，如图 1-3 所示。

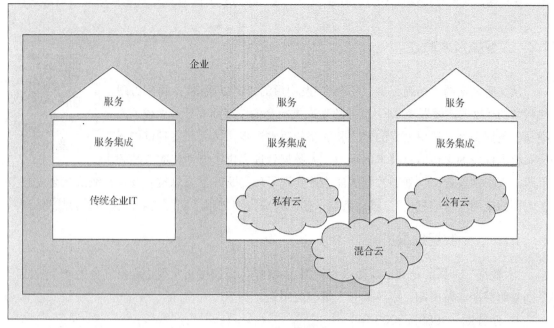

图 1-3　云计算部署模式

（1）公有云

公有云由第三方云服务提供商所拥有和运营，他们负责构建不固定的、可公共使用的 IT 资源，如服务器、存储空间、网络等，并进行监控和维护。公有云由许多用户共享，通过规模经济，使用虚拟化、负载均衡等技术来提高资源平均利用率。用户可通过使用 Web 浏览器访问公有云服务、管理公有云账户。

公有云易于使用，价格低廉；易于自助使用 IT 资源，并可立即部署；具有高度的可伸缩性以满足用户需求；使用户只需对使用的资源支付费用，可减少资金和资源的浪费；能够保障基本的安全服务需求。

公有云基础设施可以由学校、学术机构、政府组织等拥有、管理和操作。

（2）私有云

私有云指专供一个企业或组织使用的云计算资源，是一种内部部署解决方案，通常由它所服务的企业或组织进行管理，是基于用户个性化的性能和成本要求、面向服务的内部应用。私有云可以部署在企业或组织的数据中心内，也可以向第三方服务提供商付费托管。私有云能够更好地控制数据、底层系统和应用程序，保证数据定位，以及保留所有权与控制治理情况。

（3）混合云

混合云混合了公有云和私有云，通过云计算技术在它们之间共享数据和应用程序，提供将多种云服务模式组合在一起的解决方案。混合云允许数据和应用程序在多种服务模式之间移动；能够更灵活地处理业务，将传统数据中心和来自服务供应商的服务实现集成和互联；提供更多部署方案，将应用和服务部署到更合适的服务和环境组合中；优化现有基础设施结构、安全性，保留对关键业务的所有权和控制权，并为非关键业务提供更具成本效益的选择。

1.2 大数据技术概述

1-2 大数据技术概述

从文明之初的"结绳记事"，到文字发明后的"文以载道"，再到近现代科学的"数据建模"，数据一直伴随着人类社会的发展而变迁，承载了人类基于数据和信息认识世界的努力和取得的巨大进步。然而，直到以电子计算机为代表的现代信息技术出现后，为数据处理提供了自动化的方法和手段，人类掌握数据、处理数据的能力才实现了质的跃升。信息技术及其在经济社会发展多个方面的应用（即信息化），推动数据（信息）成为继物质、能源之后的又一重要战略资源。

1.2.1 大数据发展历程

"大数据"一词的正式出现距今已经将近 40 年，我们按照发展进程将它分为 4 个阶段，分别是萌芽期、发展期、成熟期和大规模应用期。

1. 萌芽期（1980—2008 年）

1980 年，美国著名未来学家阿尔文·托夫勒（Alvin Toffler）在《第三次浪潮》中将"大数据"称为"第三次浪潮的华彩乐章"；1997 年，在第八届美国 IEEE（Institute of Electrical and Electronics Engineers，电气电子工程师学会）会议上，迈克尔·考克斯（Michael Cox）和大卫·埃尔斯沃思（David Ellsworth）发表的"为外存模型可视化而应用控制程序请求页面调度"中首次使用"大数据"概念；1999 年，在美国 IEEE 可视化年会上，布赖森（Bridson）等人在"自动化或者交互：什么更适合大数据？"的专题讨论中共同探讨关于大数据的问题；2001 年，梅塔集团分析师道格·莱尼（Doug Laney）发布"3D 数据管理：控制数据容量、处理速度及数据种类"的研究报告；2005 年，蒂姆·奥莱利（Tim O'Reilly）在"什么是 Web 2.0"一文中指出"数据将是下一项技术核心"；2007 年，数据库领域的先驱人物吉姆·格雷（Jim Gray）指出大数据将成为人类触摸、理解和逼近现实复杂系统的有效途径，将迎来第四范式——"数据探索"，开启从科研视角审视大数据的热潮；2008 年 9 月，《自然》杂志推出名为"大数据"的封面专栏，同年，"大数据"概念得到美国政府的重视，计算社区联盟发表第一个有关大数据的白皮书《大数据计算：在商务、科学和社会领域创建革命性突破》，提出大数据的核心作用：大数据真正重要的是寻找新用途和散发新见解，而非数据本身。

此阶段是大数据概念的萌芽期，从概念的提出到得到专业人士和媒体的认同，意味着大数据的正式诞生。

2. 发展期（2009—2011 年）

2009 年，印度建立用于身份识别管理的生物识别数据库；美国政府启动美国政府大数据官方网站，将政府的各种数据开放给公众；中国和美国几乎同一时期关注大数据产业，2009

年 Hadoop 被引入中国，同时，阿里自主研发的超大规模通用计算操作系统，经过 3 年完成了技术攻坚；2009 年，欧洲政府将图书馆和科技研究所的数据信息开放给公众；2010 年，肯尼斯·库克尔（Kenneth Cucker）发表大数据专题报告《数据，无所不在的数据》；2011 年6 月，麦肯锡发布关于"大数据"的报告，正式定义大数据的概念；2011 年，中国举办了第一届"大数据世界论坛"；牛津大学教授维克托·迈尔-舍恩伯格（Victor Mayer-Schönberger）在其畅销著作《大数据时代》中指出，数据分析将从"随机采样""精确求解"和"强调因果"的传统模式演变为"大数据时代"的"全体数据""近似求解"和"只看关联不问因果"的新模式，从而引发商业应用领域对大数据方法的广泛思考与探讨。

此阶段为大数据的发展期，大数据技术逐渐被大众熟悉，各国政府开始意识到数据的价值，并尝试"拥抱"大数据。

3．成熟期（2012—2016 年）

2012 年 1 月，瑞士达沃斯在召开的世界经济论坛上，发布报告《大数据，大影响》；2012年，美国颁布《大数据的研究和发展计划》，之后其他国家也制定了相应的战略和规划；2012年 7 月，联合国在纽约发布关于大数据政务的白皮书《大数据促发展，挑战与机遇》；2014年，"大数据"首次写入中国《政府工作报告》；2015 年，国务院正式印发《促进大数据发展行动纲要》；2015 年 5 月，首届中国国际大数据产业博览会在贵阳召开；2016 年 2 月，贵州省建设中国首个国家大数据（贵州）综合试验区。

在这个阶段，大数据迎来第一次发展小高潮，世界上的各个国家/地区纷纷布局大数据战略规划，将大数据作为国家发展的重要资产之一，大数据时代悄然开启。

4．大规模应用期（2017—2022 年）

2017 年 4 月，全国信息安全标准化技术委员会发布《大数据安全标准化白皮书》；2017年 5 月，中国国际大数据产业博览会发布《2017 中国地方政府数据开放平台报告》；2017 年11 月，第五届中国数据分析行业峰会发布《中国大数据人才培养体系标准》；2018 年 5 月，欧盟《通用数据保护条例》（General Data Protection Regulations，GDPR）正式生效；2019 年，为规范大数据产业发展，中国多部门、多地区出台数据管理相关办法；2020 年，大数据技术、产品和解决方案被广泛应用于联防联控、产业监测、资源调配、行程跟踪等新兴领域；2021年，中国更加注重基础平台、数据存储、数据分析等产业链关键环节的自主研发，在混合计算、基于 AI（Artificial Intelligence，人工智能）的边缘计算、大规模数据处理等领域率先实现突破。

大数据行业伴随着互联网的成熟而飞速发展，促进了人工智能、云计算、区块链等新科技与大数据的融合，并迎来全面的爆发式增长。

1.2.2　大数据基本概念

随着信息技术和人类生产、生活的交汇、融合，全球数据呈现爆发式增长、海量集聚的特点，对经济发展、社会治理、国家管理、人民生活等都产生了重大影响。全面理解大数据的内涵与意义，了解大数据原理及应用，进行大数据平台基础理论及实践的学习就显得至关重要。

什么是大数据？维克托·迈尔-舍恩伯格及肯尼斯·库克耶（Kenneth Cukier）在《大数据时代》中定义：大数据不用随机分析法（抽样调查）这样的捷径，而采用对所有数据进行分析处理。大数据研究机构高德纳咨询公司（Gartner）定义：大数据是需要新处理模式才能具有更强的决策力、洞察发现力和流程优化能力来适应海量、高增长率和多样化的信息资产。麦肯锡全球研究所定义：大数据是一种规模大到在获取、存储、管理、分析方面大大超出了传统数据库软件工具能力范围的数据集合，具有海量的数据规模、快速的数据流转、多样的数据类型和价值密度低四大特征。国家标准《信息技术 大数据 术语》（GB/T 35295—2017）中定义：大数据是指具有体量巨大、来源多样、生成极快且多变等特征并且难以用传统数据体系结构有效处理的包含大量数据集的数据。

总之，大数据是大规模数据的集合体，是数据对象、数据集成技术、数据分析应用、商业模式、思维创新的统一体，也是一门捕捉、管理和处理数据的技术，它代表着一种全新的思维方式。

1.2.3　大数据基本特征

通常认为大数据具有"4V"特征，即规模庞大（Volume）、种类繁多（Variety）、变化频繁（Velocity）、价值大但价值密度低（Value），如图1-4所示。

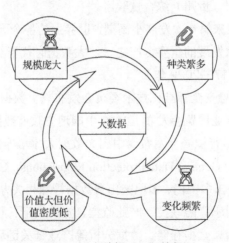

图1-4　大数据"4V"特征

1. 规模庞大

大数据的体量非常大，PB级别将是常态，且增长速度较快。IDC发布的《数据时代2025》报告显示，全球每年产生的数据将从2018年的33ZB增长到175ZB，相当于每天产生491EB的数据。那么175ZB的数据到底有多大呢？1ZB相当于1.1万亿GB。如果把175ZB全部存在DVD（Digital Versatile Disc，数字通用光碟）中，那么DVD叠加起来的高度将是地球和月球距离的24倍（地月最近距离约36.3万千米），或者绕地球236圈（一圈约为4万千米）。

2．种类繁多

大数据种类繁多，一般包括结构化、半结构化和非结构化等多类数据，如网络日志、视频、图片、地理位置信息等。这些数据在编码方式、数据格式、应用特征等多个方面存在差异，多信息源并发形成大量的异构数据。不同结构的数据处理和分析方式也有所区别。

3．变化频繁

数据的快速流动和处理是大数据区别于传统数据挖掘的显著特征。例如：涉及感知、传输、决策、控制开放式循环的大数据，对数据实时处理有着极高的要求，通过传统数据库的查询方式得到的"当前结果"很可能已经没有价值。因此，大数据更强调实时分析而非批量式分析，数据输入后即刻处理，处理后就丢弃。

4．价值大但价值密度低

大数据价值密度的高低与数据总量的大小成反比，单条数据本身并无太多价值，但庞大的数据量累积隐藏了巨大的财富。其价值具备稀疏性、多样性和不确定性等特点。例如：在连续不间断的监控过程中，可能有用的数据仅一两秒，但是无法事先知道哪一秒是有价值的。

1.2.4　大数据关键技术

大数据技术，就是从各种类型的数据中快速获得有价值信息的技术。大数据领域涌现了大量的新技术，它们已成为大数据采集、存储、处理和呈现的有力"武器"。大数据关键技术一般包括大数据采集、大数据预处理、大数据存储与管理、大数据分析与挖掘、大数据展现与应用（如大数据检索、大数据可视化、大数据安全等），如图 1-5 所示。

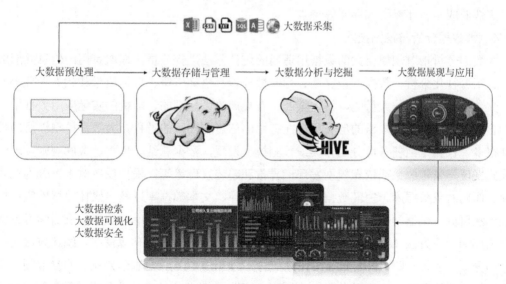

图 1-5　大数据关键技术

1．大数据采集技术

大数据采集技术是指通过 RFID（Radio Frequency Identification，射频识别）设备、传感

器、系统日志、社交网络及移动互联网等多种途径，获得各种类型的结构化、半结构化（或称为弱结构化）及非结构化的海量数据，是大数据知识服务模型的根本。其包括分布式高速、高可靠数据爬取或采集、高速数据全映像等大数据收集技术；高速数据解析、转换与加载等大数据整合技术；设计质量评估模型，开发数据质量技术。在现实生活中，数据产生的种类很多，并且不同种类的数据产生的方式不同。对于大数据采集系统，主要分为3类：系统日志采集系统、网络数据采集系统、数据库采集系统。

2. 大数据预处理技术

现实中的数据大多是"脏"数据。例如：不完整的数据，如缺少属性值或仅包含聚集数据；包含噪声、错误或存在偏离期望的离群值，比如 salary="-10"；不一致的数据，如用于商品分类的部门编码存在差异，比如 age="42"、birthday="03/07/2019"。通过数据预处理工作，完成对已采集、接收数据的辨析、抽取、清洗、归约、变换、离散化、集成等操作处理，可以使残缺的数据变得完整，并将错误的数据纠正、多余的数据去除，进而将所需的数据挑选出来，并进行数据集成，保证数据的一致性、准确性、完整性、时效性、可信性、可解释性。

3. 大数据存储与管理技术

大数据存储与管理技术要用存储器把采集的数据存储起来，建立相应的数据库，并进行管理和调用，重点是复杂结构化、半结构化和非结构化大数据的管理与处理技术，主要解决保证大数据的可存储、可表示、可处理、可靠性及有效传输等几个关键问题。技术人员通过开发 DFS（Distributed- File System，分布式文件系统）等大数据存储技术，奠定了大数据建模技术研究基础，促进了分布式非关系的大数据管理、异构数据融合处理、数据组织和大数据索引等关键技术开发，保障了大数据复制、备份和迁移等安全操作，具有能效优化、去冗余、高效低成本和计算融入存储等特点。

4. 大数据分析与挖掘技术

大数据分析指对规模巨大的数据用适当的统计方法进行分析，提取有用的信息并形成结论，包括可视化分析、数据挖掘算法、预测性分析、语义引擎、数据质量和数据管理等。

大数据挖掘就是从大量的、不完全的、有噪声的、模糊的、随机的实际应用数据中，提取隐含的、人们事先不知道的但又是潜在有用的信息和知识的过程。大数据挖掘涉及的技术方法很多。根据挖掘任务可分为分类或预测模型发现，数据总结、聚类、关联规则发现，序列模式发现，依赖关系或依赖模型发现，异常和趋势发现等等；根据挖掘对象可分为关系数据库、面向对象数据库、空间数据库、时态数据库、文本数据库以及多媒体数据库等；根据挖掘方法可分为机器学习方法、统计方法、神经网络方法和数据库方法等。机器学习方法又可分为归纳学习方法（决策树、规则归纳等）、基于范例学习、遗传算法等，统计方法又可分为回归分析（多元回归、自回归等）、判别分析（贝叶斯判别、费歇尔判别、非参数判别等）、聚类分析（系统聚类、动态聚类等）、探索性分析（主元分析法、相关分析法等）等，神经网络方法又可分为前向神经网络（BP 算法等）、自组织神经网络（自组织特征映射、竞争学习等）等，数据库方法主要包括多维数据分析或 OLAP（Online Analytical Processing，联机分析处理）方法、面向属性的归纳方法。

5．大数据展现与应用技术

大数据展现技术能够将隐藏于海量数据中的信息和知识挖掘出来，为人类的社会经济活动提供依据，从而提高各个领域的运行效率，大大提高整个社会经济的集约化程度。当前大数据技术重点应用于以下三大领域：商业智能、政府决策、公共服务。大数据应用技术包括：商业智能技术，政府决策技术，电信数据信息处理与挖掘技术，电网数据信息处理与挖掘技术，气象信息分析技术，环境监测技术，警务云应用系统（道路监控、视频监控、网络监控、智能交通、反电信诈骗、指挥调度等公安信息系统），大规模基因序列分析比对技术，Web信息挖掘技术，多媒体数据并行化处理技术，影视制作渲染技术，其他各种行业的云计算和海量数据处理应用技术等。

1.3　云计算、大数据与其他技术的关系

1-3　云计算、大数据与其他技术的关系

云计算、大数据、物联网、人工智能、5G 和区块链这些领域相辅相成，谁都离不开谁。物联网、云计算和 5G 是大数据的底层架构，大数据依赖云计算来处理大数据，人工智能是大数据的应用场景。5G 发展落地物联网才能发展，而物联网和云计算的发展是大数据快速发展的主要原因，进而使机器学习、计算机视觉、自然语言处理以及机器人学等人工智能领域也迎来了新的发展机遇。区块链是信任机制的制定者，人与人之间需要互相信任，区块链所记录的信息更加真实可靠，可以帮助人们解决互不信任的问题。区块链具有两大核心特点：数据难以篡改和去中心化。在数字经济与大数据时代，诚信才能促成商业的进步与稳健发展，区块链技术为通往一个没有任何欺骗的"理想国度"指明了方向。

（1）云计算的核心是服务，通过互联网为用户提供廉价的计算资源服务，根据用户的不同提供 IaaS、PaaS 和 SaaS 这 3 个级别的服务，通过互联网来提供动态、易扩展的虚拟化资源。云计算的计算能力强大，其改变了传统获取计算资源的方式，成为互联网服务的重要支撑。

（2）大数据指无法在一定时间范围内用常规软件工具进行捕捉、管理和处理的数据集合，它是一种信息资产，具有海量、高增长率和多样化等特点。人们可以利用数据挖掘和分析等新的大数据处理模式，来提升洞察力、决策力和流程优化能力。大数据是物联网、Web 和传统信息系统发展的必然结果，大数据在技术体系上与云计算一样，重点都是分布式存储和分布式计算。此外，云计算注重服务，大数据注重数据的价值化操作。当前的大数据已经形成一个初步的产业链，包括数据的采集、存储、安全、分析、呈现和应用。

（3）物联网从体系结构上可以划分为 6 个组成部分，分别是设备、网络、平台、分析、应用和安全，其中安全覆盖其他 5 个部分。物联网是产业互联网建设的关键，同时也是人工智能产品（智能体）重要的落地应用环境，目前 AIoT（Artificial Intelligence & Internet of Things，人工智能物联网）受到了科技领域的广泛重视。

（4）人工智能是研究、开发用于模拟、延伸和扩展人的智能的理论、方法、技术及应用系统的一门新的技术科学。人工智能其实就是大数据、云计算的应用场景。人工智能则包含

机器学习，从被动到主动，从模式化实行指令，到自主根据情况判断执行不同的指令。

（5）5G 中文全称为第五代移动电话行动通信标准，也称第五代移动通信技术。它提供了基础的通信服务支撑，在 4G 的基础之上进一步提升了数据的传输速率、容量支持，同时在安全性上也有了一定程度的提升。5G 以"Gbps 用户体验速率"为标志性的能力指标，包括大规模天线阵列、超密集组网、新型多址、全频谱接入和新型网络架构等关键技术。5G 能够灵活地支持各种不同的设备，如 5G 网络能够满足在物联网、互联网汽车等产业的快速发展下对网络速度的更高要求，还支持智能手机、智能手表、健身腕带、智能家庭设备等。

（6）区块链本身并不是一项全新的技术，而是通过将多种成熟技术结合，以开放、共享的理念和高可信的分布式数据库，对传统的、孤立的、分散的数据进行了整合，形成了一种新的数据治理的体系和管理方式。区块链技术以其去中心化、匿名化，以及数据不能随意篡改等安全特征，解决了云计算面临的"可信、可靠、可控制"三大问题。区块链不仅是一个安全的网络，还是现代世界中最快的数据传输网络之一。区块链技术使物联网能够以更快的速度传输数据。区块链是底层技术，大数据则是对数据集合及处理方式的称呼。区块链上的数据会形成链条，具有真实、顺序、可追溯的特性。区块链是从大数据中抽取有用数据并进行分类整理的。开放性的大数据，在区块链的加持下不会使用户的隐私数据暴露。更不用担心自己被大数据"杀熟"。区块链与人工智能结合，依靠区块链技术的"链"功能，使得人工智能的每一步有迹可循，从而促进人工智能功能的健全、安全和稳定。5G 为区块链应用传递庞大的数据量和信息量，为实现更大规模的共识提供了可能性。5G 大幅提升了硬件终端之间的网络通信速度，扩充了网络规模，而且能够在提升区块链网络去中心化程度的同时，实现更快的交易处理速度，区块链上各类应用的稳定性也将得到质的提升，进一步优化甚至突破区块链技术的"不可能三角"的约束。

随着 5G 通信标准的落地，产业互联网发展的大幕也在徐徐拉开，而云计算、物联网、大数据、区块链和人工智能正是产业互联网的核心技术组成，所以这些技术都有广阔的发展前景。

习 题

一、选择题

1.（　　）通过网络按需提供可动态伸缩的廉价计算服务。

    A．大数据 　　　　B．人工智能 　　　　C．物联网 　　　　D．云计算

2．下面（　　）不是大数据的关键技术。

    A．数据采集与预处理 　　　　　　　　B．数据展现与应用

    C．数据分析与挖掘 　　　　　　　　　D．云计算

3．（　　）是指云计算服务按需提供开发、测试、交付和管理软件应用程序所需的环境。

    A．IaaS 　　　　　B．PaaS 　　　　　C．SaaS 　　　　　D．DaaS

4．（　　）指专供一个企业或组织使用的云计算资源，是一种内部部署解决方案。

    A．公有云 　　　　B．私有云 　　　　C．混合云 　　　　D．数据云

5. （　　）是信任机制的制定者，人与人之间需要互相信任，区块链所记录的信息更加真实可靠，可以帮助解决人们互不信任的问题。

　　A．云计算　　　　　　B．大数据　　　　　　C．区块链　　　　　　D．人工智能

6. （　　）是研究、开发用于模拟、延伸和扩展人的智能的理论、方法、技术及应用系统的一门新的技术科学。

　　A．云计算　　　　　　B．大数据　　　　　　C．区块链　　　　　　D．人工智能

二、填空题

1. _____是一种按使用量付费的模式，这种模式提供可用的、便捷的、按需的网络访问，以及可配置的计算资源共享池（资源包括网络、服务器、存储、应用软件、服务），这些资源能够被快速提供，只需要投入很少的管理工作，或与服务供应商进行很少的交互。

2. 云服务的 3 种部署模式：_____、_____、_____。

3. 大数据的"4V"特征：_____、_____、_____、_____。

4. _____提供了基础的通信服务支撑，在 4G 的基础之上进一步提升了数据的传输速率、容量支持，同时在安全性上也有了一定程度的提升。

5. _____是云计算基础架构的核心，是云计算发展的基础。

三、简述与分析题

1. 简述云计算的基本概念。

2. 简述云计算的基本特征。

3. 简述大数据的基本概念。

4. 简述大数据、物联网、云计算、区块链、人工智能、5G 之间的关系。

5. 简述云计算体系结构。

第 **2** 章　云计算架构

云计算在我们的日常生活中的应用非常广泛，云计算不仅是技术，更是服务模式的创新。云计算之所以能够为用户带来更高的效率、灵活性和可扩展性，是因为其基于整个 IT 领域的变革，其技术和应用涉及硬件系统、软件系统、应用系统、运维管理、服务模式等多个方面。本章我们将介绍云计算架构，让读者进一步深入了解云计算。

【本章知识结构图】

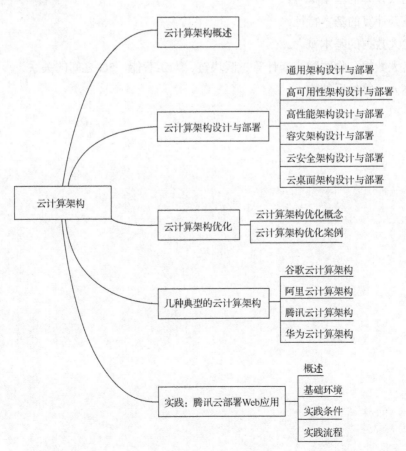

【本章学习目标】

（1）理解云计算架构相关概念。

（2）掌握云计算架构设计与部署。

（3）熟悉云计算架构优化。

（4）了解几种典型的云计算架构。

2.1　云计算架构概述

当今企业向全球化、多元化和专业化转变，使得人们越来越体会到社会变革带来的巨大挑战。由于企业信息化具有随意性，管理变革和信息化项目建设缺乏科学的方法理论指导与管理手段，再加上风险管理不到位，导致出现了"信息孤岛"与"烟囱式"系统建设。为了应对环境变化的不可预测性，提出了企业架构和云计算架构的概念。

2-1　云计算架构概述

1. 企业架构

企业架构主要包括业务架构和 IT 架构。业务架构包括业务的运营模式、业务流程、组织结构和地域分布等。企业架构是战略与实际运营之间的桥梁，它有助于战略的落实。IT 架构则是指导 IT 投资和决策的 IT 框架，是建设企业信息系统的蓝图，包括数据架构、应用架构和管理架构等。企业战略与 IT 战略必须紧密联系，通过企业架构来指导 IT 项目建设。

从传统的架构理论出发，围绕企业核心战略，可以将企业架构分解为业务架构、应用架构、信息架构（即数据架构）和技术架构等 4 个部分，如图 2-1 所示。

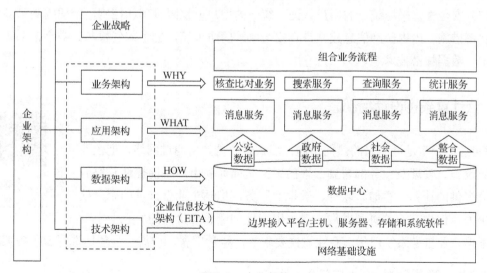

图 2-1　企业架构

2. 云计算架构

云计算架构就是按照业务需求选择最优的云平台服务部署对应的系统或者存储对应的资源，并结合各个云平台的服务特性设计出弹性、高性能、高可用、可扩展以及自动化的组合方案，以最终满足业务系统运行的需求。假设你在建造一间房子，云计算基础架构包含所有材料，而云计算架构就是其设计蓝图。

云计算架构主要分为服务和管理两大部分，从服务方面进行分析，主要为用户提供各种基于云的服务，包括 3 个层次，分别是 IaaS、PaaS 以及 SaaS。而在管理方面，则以云的管理为主，确保整个云计算中心可以安全、稳定地运行。在通常情况下，完整的应用平台会提供相应的功能架构，主要包括应用运行环境，应用全生命周期支持，集成、复合应用构建能力等。

3．云计算架构设计原则

（1）先进性。借助全球 IT 生态圈的资源，推动软硬件分层解耦，不断提升兼容性。优先采用先进成熟的技术组件，搭建稳定并且高效的大数据云计算管理平台。

（2）可用性。系统无中断地执行其功能的能力代表系统的可用程度，通过冗余来实现高可用性。

（3）可靠性。通过大数据云计算平台的分布式计算、存储架构，从整体上提高系统可靠性，降低系统对单设备可靠性的要求。应用设计方面采用明确的应用分层架构，实现应用架构上的解耦。采用相关的容错技术和故障处理技术，以保证数据应用的安全可靠。

（4）可扩展性。应用开发平台采用模块化建设和扩展模式，支持小规模起步、线性扩展。随着数据规模的扩大、应用的完善，现在数据平台能够在不影响当前用户正常使用的情况下，灵活、方便地进行集群扩容。

（5）可管理性。系统满足管理需求的能力及管理该系统的便利程度。

（6）开放性。云计算平台在成熟落地的方案技术上完全自主研发，主要应用开源技术。

（7）安全性。采用统一的用户认证，统一的用户、权限管理和控制，密码控制等多种安全和保密措施。为内部网信息建立符合安全要求的防火墙，配备入侵检测、数字证书、防病毒技术、数据加密技术等。

2.2 云计算架构设计与部署

2-2 云计算架构设计与部署

"企业上云"是近年来的热门话题，那么企业是如何通过网络，把企业的基础设施、管理及业务部署到云端的？又是如何利用网络便捷地获取云服务商提供的计算、存储、软件、数据等服务，推动企业上云重构企业核心竞争力、促进产业的协同发展、最大限度地创造企业价值的？企业上云需要根据企业自身系统现状、企业发展要求等，科学部署，按需、合理地选择云服务架构。

2.2.1 通用架构设计与部署

NIST 定义了通用云计算架构参考模型，如图 2-2 所示，列举了主要的云计算参与者，以及他们各自的分工。

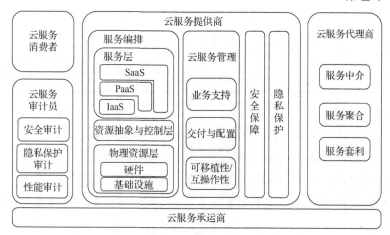

图 2-2 通用云计算架构参考模型

NIST 云计算架构参考模型定义了 5 种角色,分别是云服务消费者、云服务提供商、云服务代理商、云服务审计员和云服务承运商。每个角色可以是个人,也可以是单位组织。其中,云服务消费者是租赁云服务产品的个人或单位组织;云服务提供商是提供云服务产品的个人或单位组织,如中国电信天翼云、阿里云、腾讯云、华为云等;云服务代理商是代理云服务提供商向消费者销售云计算服务并获取一定佣金的个人或者单位组织;云服务审计员是能对云计算安全性、云计算性能、云服务及信息系统的操作开展独立评估的第三方个人或者单位组织;云服务承运商在云服务提供商和云服务消费者之间提供连接媒介,以便把云服务产品从云服务提供商那里转移到云服务消费者手中,如中国电信。

2.2.2 高可用性架构设计与部署

高可用性(High Availability,HA)指一个系统能够持续无故障运作的概率,即以最短时间恢复正常访问业务的能力,无论这个故障是业务流程、物理设施、网络或者服务器软/硬件的故障。高可用性设计就是通过一定的系统设计和系统功能支持,来大幅度提高系统持续无故障运行的概率。

通常用平均无故障时间(Mean Time To Failure,MTTF)和平均维修时间(Mean Time To Repair,MTTR)来衡量 HA,通过减少系统的平均故障间隔时间(Mean Time Between Failure,MTBF)和系统的平均维修时间,来增加系统的平均无故障时间。具体标准如下:

$$HA = \frac{MTTF}{MTTF + MTTR} \times 100\%$$

HA 越大,可用性就越高、越好,同时越高的可用性就代表着越多的资源投入,需要根据实际业务发展的阶段进行权衡,不同级别的可用性通常采取的技术手段如表 2-1 所示。

表 2-1 可用性分级

可用性等级	可用性数值	年最大停机时间	常用的技术手段
基本可用	99%	88 h	负载均衡
较高可用	99.9%	8.8 h	自动化部署

可用性等级	可用性数值	年最大停机时间	常用的技术手段
高级可用	99.99%	53 min	微服务、应用监控、容错机制、弹性伸缩
极高可用	99.999%	5 min	异地多活、容灾

高可用性架构的设计原则如下。

（1）假定失效设计。指假定任何环节都会出问题，然后倒退设计。

（2）多可用区设计。指尽最大可能避免架构中的单点故障。

（3）自动扩展设计。指不进行设计调整，就能满足业务量增长。

（4）自我修复设计。指内建容错及检查能力，应用能够在部分组件失效时自我修复以继续工作。

（5）松耦合设计。指耦合度越小，则扩展性越好、容错能力越强。

高可用性架构设计的 3 种方式如下。

（1）主从方式。指当主机工作时，备机处于监控准备状态；当主机宕机时，备机接管主机的一切工作，待主机恢复正常后，按使用者的设定以自动或手动方式将服务切换到主机上运行，数据的一致性通过共享存储系统解决。

（2）双机双工方式。指两台主机同时运行各自的服务工作且相互检测情况，当任意一台主机宕机时，另一台主机立即接管它的一切工作，保证工作实时连续。应用服务系统的关键数据存放在共享存储系统中。

（3）集群工作方式。指多台主机一起工作，各自运行一个或者几个服务，各为服务定义一个或多个备用主机，当某个主机故障时，运行在其上的服务就可以被其他主机接管。

高可用性架构设计的设计步骤如下。

（1）进行合理的评估分级，来应对灾难恢复能力和业务恢复能力。根据系统设计时对使用时段内可用性的时间要求（包括计划和非计划停机时间，如电商平台和邮件系统需要 7×24 小时开机）、业务指标及响应时间要求、特殊时段及突发性时段可用性要求，及时持续评估，制定应对计划。

（2）进行冗余设计。在单个实例性能足以支撑业务负载的情况下，采用主从方式，主机故障，备机马上就可以接管业务；在双机双工方式下，两个应用各占用一个实例，资源浪费严重，但双机互为备份，可实现高可用性；业务对于性能要求高，单机难以承载，则采用集群工作方式，突破单机性能瓶颈，实现高可用性。

（3）采用弹性伸缩（Auto Scaling，AS）来应对高峰期和业务增长，如在电商大促销、在线游戏 20:00—24:00 的使用高峰期等情况下，自动按需扩展、自动替换故障节点。通常通过增加配置来进行纵向扩展，增加实例来进行横向扩展，进而实现计算能力、网络和存储的弹性伸缩。

下面以腾讯云为例来说明高可用性云计算架构的设计与部署，如图 2-3 所示。通过负载均衡对多个腾讯云服务器（Cloud Virtual Machine，CVM）实例进行流量分发服务，消除单点故障；采用弹性 IP（Internet Protocol，互联网协议）、NAT（Network Address Translation，网络地址转换）网关以及负载均衡，提高内网通信和公网接口的可用性，通过 VPC（Virtual Private Cloud，虚拟私有云）对等连接打通不同地域网络，云解析为两个地域统一分配流量，实现云上资源互通和两地三中心多可用区域部署。

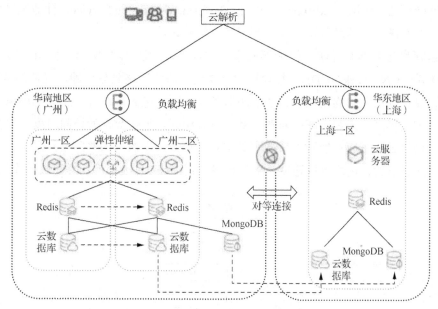

图 2-3　腾讯云高可用性服务架构

2.2.3　高性能架构设计与部署

性能是一种表明软件系统或构件对于其及时性要求的符合程度，也是软件产品的一种特性，可以用时间来进行度量。狭义的性能是指运行速度的快慢；广义的性能涉及很多内容，如功耗、利用率、性价比、速度等。

不同的人员对性能的关注点不同。用户关注计算机和网站服务之间的响应速度。从需求的角度讲，性能是非功能需求，其描述了系统传递服务的实时性，即用户从单击一个按钮，发出一条指令开始，到应用系统将本次操作的结构展示出来的过程所消耗的时间。不管是在移动终端还是在台式计算机中，如果用户浏览页面需要花 5～10s 来响应，那么用户会没有耐心等候。例如某网站，把搜索结果由 10 个改成了 30 个，导致流量和投资减少了 20%。技术人员则更关注系统响应延迟、系统吞吐量和并发处理能力。例如技术人员已经知晓系统的并发用户数为 400，就必须考虑业务响应时间，以及系统响应时间、CPU 处理效率、内存占用率、数据库读写数据时间、系统最大容量、系统瓶颈技术指标。

高性能架构设计的基本步骤如下。

（1）性能目标。制定性能目标，如响应时间、并发用户数和吞吐量。

（2）分析问题。网络的出口带宽、网络延迟等；CPU 主频高低、单核多核、集群等计算能力；同步和异步应用逻辑，关系数据库和 NoSQL 的数据逻辑；内存、SSD（Solid State Disk，固态盘）、SAS（Serial Attached Small Computer System Interface，串行小型计算机系统接口）、SATA

（Serial Advanced Technology Attachment Interface，串行先进技术总线附属接口）等的 I/O 性能等。

（3）解决问题。升级 CPU、内存，提高 I/O 等硬件配置性能；通过优化架构来降低服务器压力，采用可扩展的架构提高性能。

（4）性能评估。使用 LoadRunner、PTS（Performance Testing Service，性能测试服务）等测试工具，对系统进行基准测试、峰谷测试和性能测试等。

下面以阿里云为例来说明高性能架构设计与部署，如图 2-4 所示。使用内容分发网络（Content Delivery Network，CDN）加速用户的访问，解决网络延迟问题，降低服务器压力，提高响应速度；利用负载均衡技术构建应用服务器集群，提高系统吞吐量；利用消息队列实现异步化处理，提高系统利用率；对热点数据进行缓存，加快数据的访问速度，并减轻数据库的压力；通过云数据库实现数据库的水平扩容，提升数据访问的并发量；采用读写分离方式，降低主库读压力，提高读取速度；根据需要使用 NoSQL 数据库，提升数据库处理能力。

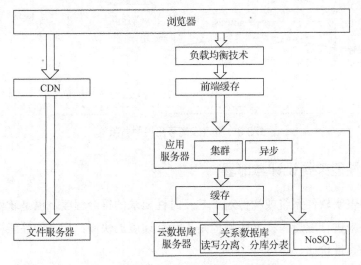

图 2-4　阿里云高性能架构设计与部署

2.2.4　容灾架构设计与部署

在架构设计中，高可用和容灾是实现业务连续性的两个重要技术手段，容灾设计强调的是对外界环境影响具备快速响应的能力，尤其是当发生灾难事件对 IDC 节点产生影响时，能够具备节点级别的快速恢复能力，保障系统的持续可用性。

云计算容灾主要分为以下 4 个层次。

（1）应用级高可用指产品自带主备或者双活设计、健康检查、自动切换等。

（2）集群级高可用指集群的设计，除了横向扩展服务能力以外，还能通过自动侦测、自动切换和自动回复消除故障、减少设备意外发生时的宕机时间。

（3）可用区级高可用指把集群的主备系统分散部署到不同地域的机房，扩大容灾范围，可以保障在短期内接管服务，提高业务连续性。

（4）地域级高可用指跨地域容灾，包括网络、系统改造和适配，数据同步和一致性等灾备问题，能够保障某地域系统不可用时，能通过其他地域系统继续为用户提供服务。

下面以阿里云为例来说明容灾架构设计与部署，如图 2-5 所示。通过云下业务中心、云上业务中心、云上备份中心构建的混合云形态的"两地三中心"灾备方案。"三中心"部署"无状态"应用程序，同时对数据库进行云上、云下实时同步，并且对数据库进行备份，当云下业务中心或者云上业务中心故障时能够将业务流量转移至另一中心或者云上备份中心，故障恢复后业务流量可以切换回优选的业务中心。

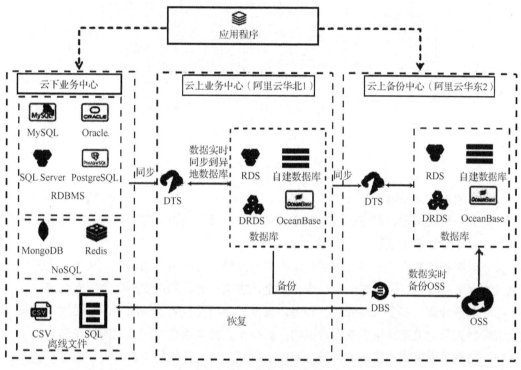

图 2-5 两地三中心容灾架构

2.2.5 云安全架构设计与部署

云计算正在持续改变着企业使用、存储和共享数据、应用程序和工作负载的方式，越来越多的数据和应用程序正在向云端迁移。与此同时，这也带来了许多新的安全威胁和挑战。为了让企业了解云安全问题，在云安全方面做出明智的决策，云安全联盟（Cloud Security Alliance，CSA）于 2018 年 1 月发布了最新版本的《12 大顶级云安全威胁：行业见解报告》，该报告重点聚焦了 12 个涉及云计算共享和按需特性方面的严重威胁，包括数据泄露，身份、凭证和访问管理不足，不安全的接口和 API，系统漏洞，账户劫持，恶意内部人士，高级持续性威胁，数据丢失，尽职调查不足，滥用和恶意使用云服务，拒绝服务，共享技术漏洞等。

在云计算的建设以及使用过程中，每个环节都可能导致安全风险，如云计算平台的安全、管理平台的安全等，可能导致的安全风险可以分为传统信息安全风险、云计算平台安全风险、用户访问安全风险以及管理安全风险，如图 2-6 所示。

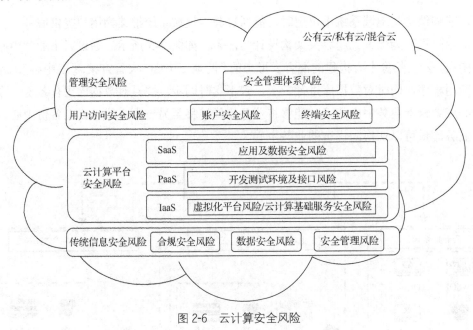

图 2-6　云计算安全风险

云安全架构设计原则如下。

（1）最小特权原则。在完成某种操作的过程中，赋予网络中每个参与的主体必不可少的特权，是云计算安全中最基本的原则之一。

（2）纵深防御原则。云环境由于其结构的特殊性，可攻击平面较多，从下至上云安全主要包括物理设施安全、网络安全、云平台安全、主机安全、应用安全和数据安全等。

（3）职责分离。在多人划分任务和特定安全程序所需权限的情况下，它通过消除高风险组合来限制人员对关键系统的权力与影响，减少个人因素或恶意而造成的潜在破坏。

（4）防御单元解耦。将防御单元从系统中解耦，使云计算的防御模块和服务模块在运行过程中不会相互影响，各自独立工作。

（5）回溯和审计。云计算环境因其复杂架构导致面临的安全威胁更多，发生安全事故的可能性更大，对安全事故的预警、处理、响应和恢复的效率要求也更高。建立完善的系统日志采集机制对安全审计、安全事件追溯、系统回溯和系统运行维护等就更为重要。

（6）安全数据标准化。由于云计算解决方案很多，不同的解决方案对相关数据、调用接口等的定义不同，导致无法定义统一的流程来对所有云计算服务的安全数据进行采集、分析。目前，CSA 提出了云可信协议（Cloud Trusted Protocol，CTP），动态管理工作组（Dynamic Management Task Force，DMTF）提出了云审计数据联盟（Cloud Audit Data Federation，CADF）模型。

（7）面向失效的安全设计。在云计算环境的安全设计中，当某种防御手段失效后，还能通过补救手段进行有效防御；一种补救手段失效，还有后续补救手段。这种多个或多层次的防御手段可能表现在时间或空间方面，也可能表现在多样性方面。

下面以阿里云为例来说明云安全架构设计与部署，如图 2-7 所示，云上安全由阿里云和阿里云客户共同负责。阿里云负责基础设施（包括跨地域、多可用区部署的数据中心，以及阿里云骨干传输网络）和物理资源（包括计算、存储和网络）的物理安全和硬件安全，并负责运行在飞天分布式云操作系统之上的资源虚拟化层和云产品层的安全，以及使用云盾进行的用户账户安全管理、用户安全监控和运营。客户负责 ECS（Elastic Compute Service，弹性计算服务器）以及网络策略、应用系统和业务数据的安全等，比如购买 ECS 后，用户自己搭建的数据库、部署的服务等业务数据的安全。

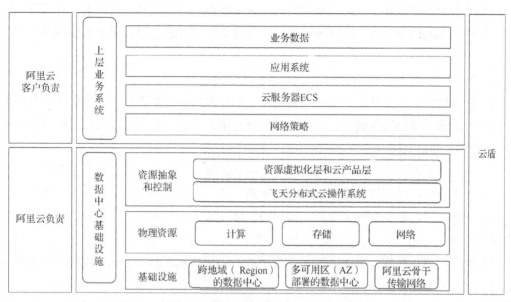

图 2-7　阿里云安全架构设计与部署

阿里云提供了"五横两纵"7 个维度的安全架构保障，如图 2-8 所示。两个纵向维度分别为用户账户安全（身份和访问控制），以及用户安全监控和运营管理，这两个纵向维度包括租户侧和云平台侧的不同实现。在 5 个横向维度中，包括最底层的云平台层面安全，以及用户层面的基础安全、数据安全、应用安全和业务安全。

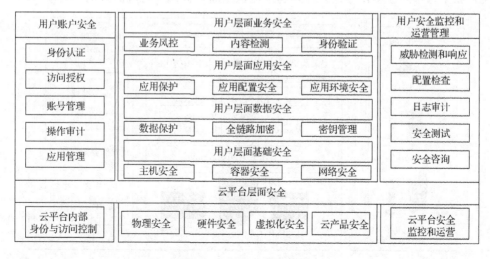

图 2-8　阿里云安全架构

2.2.6　云桌面架构设计与部署

云桌面是一种基于云计算的桌面服务。与传统计算机和虚拟桌面架构不同，企业无须投入大量的资金和花费数天的部署时间，即可快速构建桌面办公环境。云桌面支持多种登录方式，用户可灵活存取文件及使用应用，实现移动办公。云桌面的基本原理是终端用户通过终端设备登录由管理员在云平台的管理控制台中购买的桌面，以满足办公需求；并且可以通过云专线/VPN（Virtual Private Network，虚拟专用网络）的方式使用存储于企业网络中的网络应用。

云桌面的优势如下。

（1）云桌面服务，支持云桌面的快速创建、部署和集中运维管理。云桌面可按需申请、轻松使用，免除大量的硬件部署投入，帮助用户打造更灵活、更安全、更低维护成本、更高服务效率的 IT 办公系统。

（2）采用高清传输协议，真彩无损显示，高清流畅体验，桌面操控延时无感知。

（3）弹性高效，动态算力按需扩缩，随需购买使用；资源集中管理，桌面部署快速。

（4）安全可靠，端到端安全防护，数据不落地。安全策略强管控，可实现芯片级安全加密存储。

（5）生态开放，开放云桌面 API 和 SDK（Software Development Kit，软件开发工具包），免底层技术、零起点办公生态上云。

下面以华为 FusionCloud 为例来说明云桌面架构设计与部署，如图 2-9 所示，FusionCloud 桌面云将桌面计算机的计算资源和存储资源（包括 CPU、硬盘、内存）集中部署在云计算数据中心机房，通过虚拟化技术将物理资源转化为虚拟资源并统一管理系统管理业务、虚拟资源和硬件；企业根据用户的需求将虚拟资源集成为不同规格的虚拟机，向用户提供虚拟桌面服务，用户通过瘦终端访问云桌面。FusionCloud 桌面云在提升企业信息安全、提高运维效率和实现企业全方位的移动化办公方面为客户提供全面、优化和经济的解决方案。

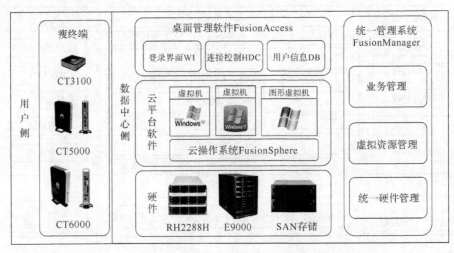

图 2-9　华为 FusionCloud 桌面云架构设计与部署

2-3 云计算架构优化

2.3 云计算架构优化

一些不合理的云计算架构设计会导致云计算系统的各种问题，如单点故障、性能不佳、业务中断、扩展性差、成本过高、运维困难等。重新构建云计算的架构从来都不是一件容易的事，但通过一些关键步骤优化策略，可使企业获得云迁移的成功。

2.3.1 云计算架构优化概念

云计算架构优化是系统化地对云计算体系的每个环节进行分析并优化，找出瓶颈点并进行调优，提高系统的响应速度、吞吐量，降低各层耦合等。

常见的不合理的云计算架构设计如下。

（1）单点故障。某个组件单节点运行，发生故障后导致整个系统或某个模块不可用。

（2）访问延迟。在高峰期或因其他问题引起性能不足时，造成用户访问延迟，体验变差。

（3）业务中断。由于受到安全攻击或人为因素影响，系统不能正常对外提供服务。

云计算架构优化步骤如下。

（1）现状调研。了解系统相关的详细情况，为需求分析、问题定位和优化方案提供信息。通常通过问询，收集信息、日志等方法了解业务架构、应用架构、基础架构、问题描述等。

（2）需求分析。了解系统的核心需求，如业务的连续性、用户体验以及系统安全要求，进而避免单点故障、保障性能、防止入侵和数据泄露。

（3）问题定位。从组成云计算架构的网络、安全、数据、应用等组件中分析并找出问题。例如单点故障：如图片服务器故障，导致用户无法查看商品图片，或 Nginx 服务器故障，导致整个应用无法访问。又如性能不足：做促销活动时，用户量暴增，导致系统访问延迟甚至崩溃。再如安全问题：Nginx 服务器被植入木马，CPU 占用率为 100%，导致网站访问非常慢。

（4）优化路径。消除单点故障、提升性能、保障系统运行安全，方便运维人员进行运维。

（5）查漏补缺。定期执行架构优化，按需进行优化检查，并跟踪优化，发现问题及时解决。

2.3.2 云计算架构优化案例

某公司是一家传统零售企业，其把业务系统部署上云，以腾讯云服务器自建服务为主，架构如图 2-10 所示。经过一段时间的运行后，系统遇到了以下问题：图片服务器故障，导致用户无法查看商品图片；图片服务器处理能力有限，导致用户查看商品图片很慢；Nginx 服务器故障，导致整个应用无法访问；促销活动时用户量增长迅猛，系统访问延迟导致系统宕机；Nginx 服务器感染病毒，CPU 资源耗尽，导致网站无法访问；运维工作量大。

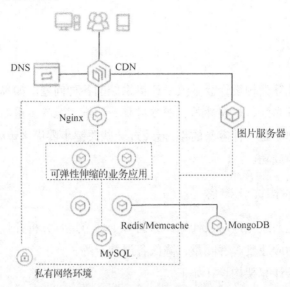

图 2-10　腾讯云服务器自建服务架构

　　为了改变这种现状，腾讯云架构师按照云计算架构优化步骤对原有云计算架构进行优化，如图 2-11 所示，通过云解析实现跨地域互联、负载均衡、弹性伸缩、远程容灾等来消除单点故障。

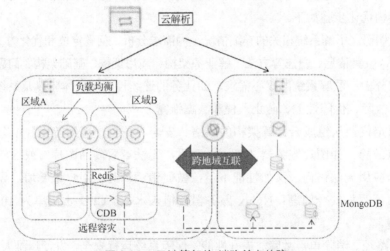

图 2-11　云计算架构-消除单点故障

　　如图 2-12 所示，通过 CDN、COS（Cloud Object Storage，对象存储）图片服务器、负载均衡弹性伸缩服务器、弹性缓存与数据库集群形成无缝衔接，通过 SMS（Short Message Service，短消息业务）及时推送营销信息，提高了系统性能。

　　如图 2-13 所示，通过腾讯专业安全咨询服务，部署腾讯的大禹 BGP（Border Gateway Protocol，边界网关协议）、业务安全天御、网站管家 WAF（Web Application Firewall，Web 应用防火墙）、云镜 SSH（Secure Shell，安全外壳协议）以及 KMS（Key Management Service，密钥管理服务）来保障主机安全，使用乐固 App 安全增强应用安全，通过 KMS 来管理密钥安全，结合私有 VPN，提升了系统安全性能。

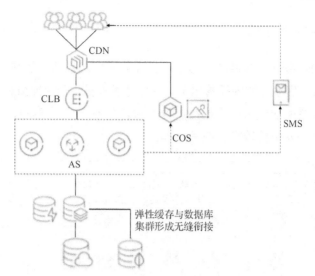

图 2-12　云计算架构-系统性能优化

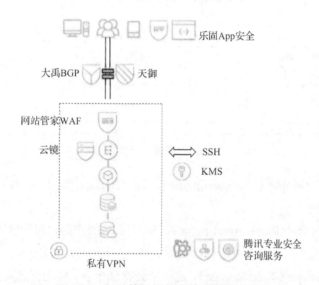

图 2-13　云计算架构-系统安全性能优化

总之，云计算架构优化要遵循架构设计原则，从需求出发，找到关键点，整体分析，设定优化路径，改善系统问题，周期性地进行架构优化。

2.4　几种典型的云计算架构

从计算、存储和网络等基础设施技术，到机器学习、人工智能、大数据以及物联网等新兴技术，国内外各云服务提供商都提供了安全性高、覆盖范围广、可靠性强的全球云基础设施，支持各种应用程序，并通过各种解决方案和架构指导，以快速应对业务挑战。

2-4　几种典型的
云计算架构

2.4.1 谷歌云计算架构

谷歌云计算架构是谷歌所提供的一套公有云计算服务，包括一系列在谷歌硬件上运行的用于计算、存储和应用程序开发的托管服务。软件开发人员、云管理员和其他企业的 IT 专业人员可以通过公共互联网或专用网络连接访问谷歌云服务，为网络、计算、存储、大数据、机器学习、管理监控、安全性等提供服务，如图 2-14 所示。

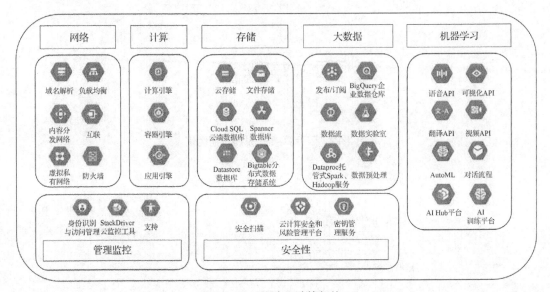

图 2-14 谷歌云计算架构

谷歌计算引擎（Google Compute Engine），是一种 IaaS 产品，可为用户提供用于工作负载托管的虚拟机实例。

谷歌应用程序引擎（Google App Engine），是一种 PaaS 产品，可让软件开发人员访问谷歌的可扩展托管应用程序。开发人员还可以使用 SDK 来开发在 App Engine 上运行的软件产品。

谷歌云存储（Google Cloud Storage），是一个云存储平台，旨在存储大型非结构化数据集。谷歌还提供数据库存储选项，包括用于 NoSQL 非关系存储的 Cloud Datastore、用于 MySQL 完全关系存储的 Cloud SQL 和谷歌的原生 Cloud Bigtable 数据库。

谷歌容器引擎（Google Container Engine），它是运行在谷歌公共云中的 Docker 容器的管理和编排系统。谷歌容器引擎基于 Google Kubernetes 容器编排引擎。

GCP 提供应用程序开发和集成服务。例如，Google Cloud Pub/Sub 是一种托管的实时消息传递服务，允许在应用程序之间交换消息。此外，谷歌云端点（Google Cloud Endpoints）允许开发人员创建基于 RESTful API 的服务，然后让 Apple iOS、Android 和 JavaScript 客户端可以访问这些服务。其他产品包括任播 DNS 服务器、直接网络互联、负载均衡、监控和日志服务。

2.4.2 阿里云计算架构

飞天是由阿里云开发的大规模分布式计算系统，其中包括飞天内核和飞天开放服务。如

图 2-15 所示，飞天体系架构主要包含四大块：资源管理、安全、远程过程调用等构建分布式系统常用的底层服务；分布式文件系统；任务调度；集群部署和监控。

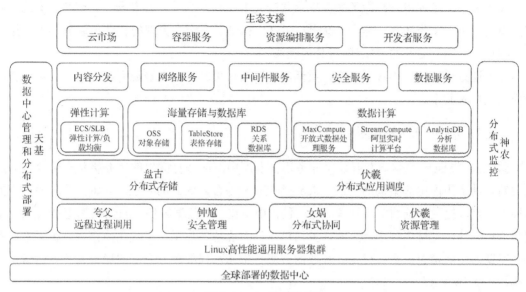

图 2-15　飞天体系架构

飞天管理着互联网规模的基础设施。最底层是遍布全球的几十个数据中心，数百个 POP（Point of Presence，入网点）。飞天内核负责管理数据中心 Linux 集群的物理资源，控制分布式程序运行，隐藏下层故障恢复和数据冗余等细节，有效提供弹性计算和负载均衡，调度集群的计算、存储资源，支撑分布式应用的部署和执行，并自动进行故障恢复和数据冗余。安全管理根植在飞天内核最底层，飞天内核提供的授权机制能够有效实现"最小权限原则"，同时，还建立自主可控的全栈安全体系。监控报警诊断是飞天内核的最基本能力之一。飞天内核为上层应用提供非常详细的、无间断的监控数据和系统事件采集，能够回溯到发生问题那一刻的现场，帮助工程师找到问题的根源。

在飞天体系架构中，"盘古"是存储管理服务，"伏羲"是资源调度服务，飞天内核之上应用的存储和资源的分配都由盘古和伏羲管理。"天基"负责飞天各个子系统的部署、升级、扩容以及故障迁移，进行自动化运维服务。分布式监控——"神农"是飞天平台上负责信息收集、监控和诊断的系统。它通过在每台物理计算机上部署轻量级的信息采集模块，获取各个计算机的操作系统与应用软件运行状态，监控集群中的故障，并通过分析引擎对整个飞天系统的运行状态进行评估。分布式协同——"女娲"为飞天平台提供高可用的协调服务，是整个飞天系统的核心服务，它的作用类似于文件系统的树形命名空间，让分布式进程互相协同工作。远程过程调用——"夸父"在飞天平台中是负责网络通信的组件，它提供远程过程调用的接口，简化编写基于网络的分布式应用。安全管理——"钟馗"为飞天操作系统中的安全管理机制提供以用户为单位的身份认证和授权，以及对集群数据资源和服务进行的访问控制。

飞天核心服务分为计算、存储、数据库、网络。为了帮助开发者便捷地构建云上应用，飞天提供丰富的连接、编排服务，将这些核心服务方便地连接和组织起来，包括通知、队列、资源编排、分布式事务管理等。飞天接入层包括数据传输服务、数据库同步服务、CDN以及混合云高速通道等服务。

飞天最顶层是阿里云打造的软件交易与交付的第一平台——云市场。云市场上架的在售商品有几千个，支持镜像、容器、编排、API、SaaS、下载等类型的软件与服务接入。用户可在阿里云官网一键开通"软件+云计算资源"。

飞天拥有全球统一的账号体系。灵活的认证授权机制让云上资源可以安全、灵活地在租户内或租户间共享。

2.4.3 腾讯云计算架构

腾讯云 TStack 是腾讯在互联网业务迅猛发展中沉淀和打磨出的企业级私有化全栈云解决方案，满足国内主流架构的 IaaS、PaaS 与 SaaS 综合云服务的要求，具备高稳定性、强兼容性的特点，提供基础的资源管理服务，包含虚拟化、大数据组件、AI 等多种基础能力，采用模块化设计，支持多种部署方式，灵活可控，大屏监控显示、可视化操作、三级运维体系等，可助力企业构建安全、稳定、开放的云服务生态，保障用户系统的稳定、高效运营，其架构如图 2-16 所示。

图 2-16　腾讯云 TStack 架构

1．基于云平台的超融合

（1）一软两架构。一套产品可同时提供超融合架构和大规模分角色的云平台架构，实现超融合向云进化。

（2）分布式。采用分布式管理，可运行在所有节点上，并支持根据 API 请求压力的横向扩展。

（3）容器化。核心组件采用容器化部署，实现管理服务和物理资源的解耦，且具有占用资源小、启动快、便于升级和高可用等优点。

2．无缝混合云管理

（1）腾讯云统一管理。用户可通过混合云管理模块统一管理腾讯公有云上的资源，实现与腾讯云的无缝对接，为用户带来更完整的一体化、一站式的用云体验。

（2）裸机管理。对裸机生命周期的管理，可以像管理虚拟机一样管理部署在物理裸机上的应用系统，为用户带来"虚实合一"的资源使用体验。

3．为云而生的专属硬件

（1）优化的硬件架构。服务器架构采用行业领先的硬件平台，经过软硬件融合的系统设计，提供可维护性底座，主板设计可降低风扇对硬盘的影响并提高整机可靠性。

（2）优化的专供 CPU。针对超融合场景定制的 CPU 可提供强大性能，助力虚拟化工作，提供更高密度核心数，用更少的成本整合工作负载和软件许可，优化超融合基础架构（Hyper Converged Infrastructure，HCI）投资。

（3）绿色节能。服务器采用节能设计使其比传统服务器少 20% 的器件，采用精细风道管理、散热设计、仿真技术方案等实现绿色节能，降低电力消耗。

（4）海量应用验证。腾讯自主研发硬件经过了海量互联网应用的实际生产验证。

4．面向云原生演进，扩展支持 PaaS

（1）超融合产品不仅提供 IaaS，还可对接 TCS PaaS 平台实现能力扩充，提供与公有云体验一致的 PaaS。

（2）支持原生数据库服务，提供敏捷、高效的数据库体验。

5．3 种部署方式

（1）本地化。可部署在用户自有数据中心，作为专有资源。提供安全可靠的数据保障，兼容主流的虚拟化软件和硬件，不影响现有 IT 管理流程。

（2）一体化机柜。具有闪电式一键安装部署，软硬件一体化交付，通电即用，机房建设零成本，硬件设施运维简单等特点。

（3）腾讯云 VPC。具有弹性扩展，节约硬件成本，衔接公有云能力，降低运营成本等特点。

2.4.4　华为云计算架构

分布式云原生服务是一个分布式集群的统一管理平台，在云原生计算基金会（Cloud

Native Computing Foundation，CNCF）首个多云容器编排项目 Karmada 的基础上，实现了云原生应用跨云、跨地域的统一协同治理，支持华为云基础设施即华为云容器引擎（Cloud Container Engine，CCE），用户自有基础设施即 CCE 敏捷版、智能边缘平台（Intelligent Edge Fabric，IEF）、自建 K8s 集群，以及第三方云服务设施（K8s 集群）的统一管理，全面覆盖中心区域、热点区域、客户机房、业务现场等多种使用场景。华为云分布式云原生服务为企业提供云原生业务部署、管理、应用生态的全域一致性体验，把云原生的能力带入企业的每一个业务场景，让客户在使用云原生应用时，感受不到地域、跨云、流量的限制。华为云分布式云原生服务具体包括分布式云、应用驱动基础设施、混合部署与统一调度、存算分离、数据治理自动化、可信和应用开发、无服务器化 Serverless、基于软总线的异构集成、多模态可迭代行业 AI、全方位立体化安全，从而让企业能更好地设计匹配自身业务特点的数字化转型发展路径，如图 2-17 所示。

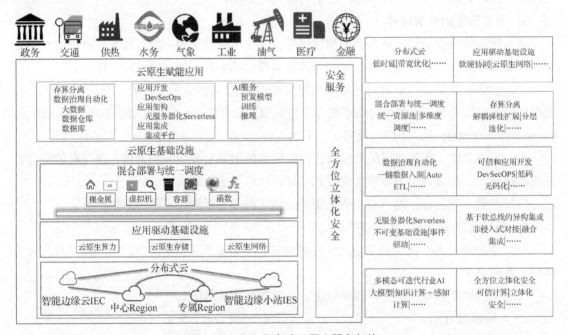

图 2-17　华为分布式云原生服务架构

分布式云原生服务具有如下 3 大创新模式。

（1）应用算力供给新模式。分布式云原生服务通过分布式调度管理，实现百万级节点算力协同，随时随地提供应用所需的算力资源，让应用感受不到跨云限制。

（2）应用流量治理新模式。分布式云原生服务通过分布式流量控制，实现智能流量分发调度，实时跨域、按需调配应用访问流量，让应用感受不到流量限制。

（3）应用与数据协同创新模式。分布式云原生服务通过分布式数据管理，实现数据随应用一键迁移，全业务一体化迁移、弹性、容灾，让应用感受不到地域限制。

分布式云原生服务功能如下。

（1）跨云、跨地域集群统一接入，统一管理。分布式云原生服务支持跨云、跨地域集群统一接入、统一管理，支持华为云 CCE 自动接管、CCE 敏捷版连线运维、第三方集群接入管理。

（2）集群配置跨云、跨地域统一下发，管理更简单。分布式云原生服务支持多云多集群配置策略的统一管理，支持企业级项目租户、用户的权限管理，可以通过统一的策略管理中心完成多云、多集群的合规性审计。

（3）可视化监控洞察，运维更简单。分布式云原生服务支持立体化监控运维，并且兼容开源 Prometheus 和 OpenTelemetry 生态，拥有灵活的 Dashboard，支持智能巡检、容器洞察、服务网格洞察等。

（4）算力统一调度，部署最优，运行最佳。基于 Karmada 内核，分布式云原生服务可完成上千个分布式集群的统一接入，实现百万节点资源的协同调度，并拥有秒级响应速度。为用户提供多种分布式部署策略，可以做到根据全局资源分布和业务特点，结合地理位置、网络 QoS、资源均衡度等条件对应用进行最优化部署。

（5）应用统一流量治理，提升业务体验。分布式云原生服务可基于访问位置和业务策略对全域流量进行最优化调度，支持跨云多集群服务的接入和流量管理，可实现基于权重、内容进行流量切分、灰度调整、故障倒换、熔断限流等功能。

（6）应用数据协同，一键迁移。分布式云原生服务可以实现数据与业务一体化，围绕应用构建自动化的应用迁移、克隆能力，实现数据同步复制及跨云伸缩能力，支持存储层、容器层、中间件层等不同层次数据随应用场景实时联动，支撑应用容灾、扩容、迁移。

（7）应用统一生态，全域可用。分布式云原生服务拥有统一的服务规范，可真正实现"开箱即用"。通过自研部署引擎，统一服务生命周期管理，所有服务包括统一管理、统一存储、全域分发，可实现跨云、跨集群的一键部署。

2.5　实践：腾讯云部署 Web 应用

2.5.1　概述

2-5　腾讯云部署
Web 应用

某企业需要搭建一套在互联网上发布的论坛平台，但是企业内部并没有完善的基础架构设施，难以保证论坛平台的高可用性和高安全性。经过 IT 部门相关专家分析讨论，决定在腾讯云上完成整套论坛平台的部署。

在本实践中，将会使用到的腾讯云产品包括腾讯云私有网络 VPC、云服务器（CVM）、云文件存储（Cloud File Storage，CFS）和云数据库（CDB）。首先在腾讯云上完成私有网络和子网的搭建，然后在网络环境中部署论坛服务器，使用 CDB 作为论坛的数据库，使用 CFS 存放论坛平台的所有附件，最后将论坛平台进行发布。

2.5.2 基础环境

1. 组网介绍

网络拓扑结构如图 2-18 所示。

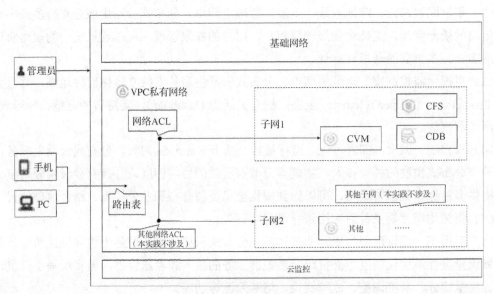

图 2-18 网络拓扑结构

2. 数据规划

腾讯云账号：账号为××××××××；密码为××××××××××。

涉及产品：VPC、CVM、CBD for MySQL、CFS。

3. 环境确认

能够通过浏览器连接腾讯云官网，配置要求如表 2-2 所示。

表 2-2　　　　　　　　　　　　　　　　环境配置表

购买产品	规格	备注
腾讯云 VPC	地域：广州	
腾讯云 CVM	标准型 S2 1C	
腾讯云 CDB	MySQL 5.6	
腾讯云 CFS	广州三区	

2.5.3 实践条件

接入互联网的笔记本电脑或者台式机；Internet 浏览器（如 Chrome、IE 或 Firefox），能够通过浏览器连接腾讯云官网；SSH（Secure Shell，安全外壳）客户端。

2.5.4 实践流程

通过本实践，读者将能够：创建私有网络、初始化子网和路由表、创建和配置 CVM、创建和配置 CDB、初始化数据库实例、创建文件存储、挂载 CFS、搭建 Discuz!论坛网站。
实践流程如图 2-19 所示。

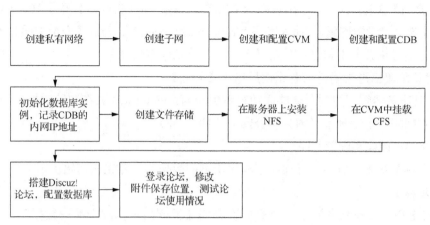

图 2-19 实践流程

1. 任务 1：创建私有网络

【任务目标】在腾讯云 VPC 上创建私有网络，并进行子网的初始化。

【任务步骤】

（1）在【腾讯云控制台】中，鼠标依次悬停【云产品→基础产品→云计算与网络→私有
网络】，单击【私有网络】，单击【新建】。

【所属地域】选择【华南地区（广州）】；【名称】输入"Lab1-VPC01"；【CIRD】保持默
认值 10.0.0.0/16；【子网名称】填写"Lab1- SBN01"；子网【CIRD】保持默认值 10.0.0.0/24；
【可用区】选择"广州三区"；单击【创建】按钮。

（2）在【私有网络控制台】成功查看到刚才创建的私有网络。

2. 任务 2：创建和配置 CVM

【任务目标】通过腾讯云平台，使用服务市场镜像创建一台带 Discuz!的 CVM。

【任务步骤】

（1）在【私有网络控制台】中的左侧导航栏中单击【子网】。

（2）【子网】列表中，在【Lab1-SBN01】的子网右侧，单击【添加主机图标】按钮，创
建一台 CVM。

①【自定义配置】开通 CVM，选择地域与机型。

【计费模式】选择"按量计费"；【地域】选择"广州"，【可用区】选择"广州三区"；【网
络】选择任务 1 中新建的私有网络及其子网即【Lab1- VPC01】和【Lab1-SBN01】；【实例】
选择"标准型 S2,1 核 1GB"，【镜像】选择"镜像市场"，单击"从镜像市场选择"，找到镜像
"Discuz x3.4 论坛系统（CentOS7.3|LAMP）x3.4_UTF8"，【系统盘】选择"高性能云硬盘"，
默认选中 50GB；【数据盘】默认未选；【网络计费模式】选择"按使用流量"；【带宽上限】
选择"1Mbps"；单击【下一步：设置主机】。

②【设置主机】。

【所属项目】选择"默认项目"；【安全组】选择"默认安全组"，如尚未创建安全组，可单击【新建安全组】新建，默认安全组规则为【放通全部端口】；【实例名】填写"Lab1-CVM01"；【登录方式】选择"设置密码"，输入密码"Welcome2Tencent!"；勾选【安全加固】、【云监控】免费开通，【定时销毁】不勾选；单击【下一步：确认配置信息】。

③【确认配置信息】确定信息无误后单击【开通】。

（3）在云服务器管理控制台能够成功查看到新创建的 CVM，并在实验数据表中记录【主 IP 地址】列中的内网 IP 地址（内）和公网 IP 地址（外）。

3. 任务 3：创建和配置 CDB

【任务目标】在本任务中，开通应用程序所需的数据库，并完成初始化。

【任务步骤】

（1）在【腾讯云控制台】中，鼠标依次悬停【云产品→基础产品→数据库→云数据库 MySQL】，单击【云数据库 MySQL】。

（2）在【MySQL→实例列表】中，选择【广州】可用区，单击【新建】；【计费模式】选择"按量计费"；【地域】选择"广州"，【可用区】选择"广州三区"；【网络】选择任务 1 中创建好的私有网络和子网即【Lab1-VPC01】和【Lab1-SBN01】；【数据库版本】选择"MySQL5.5"；【实例规格】选择"内存 1000MB"；【硬盘】选择"25GB"；【数据复制方式】选择"异步复制"；【指定项目】选择"默认项目"；【安全组】选择"默认安全组放通全部端口"，（如果之前未创建，请选择【新建安全组】，规则保持默认【放通全部端口】）；【实例名】选择"立即命名"（命名为 Lab1-CDB01）；购买台数【1】台，单击【立即购买】。

（3）在【MySQL→实例列表】中，待 Lab1-CDB01 状态变更为"未初始化"时，单击【操作】下的【初始化】；【字符集】选择"UTF8"；勾选【表名大小写敏感】；【自定义端口】填写"3306"；【设置 root 账号密码】和【确认密码】填写"Welcome2Tencent!"；单击【确定】按钮；在数据库重启后，状态为"运行中"时，初始化完毕。

（4）单击实例列表中新建实例 Lab1-CDB01 的【ID】，查看【内网地址】，并将其记录在实验数据表中。

4. 任务 4：设置挂载文件系统

【任务目标】在腾讯云上创建文件系统，并将文件系统挂载到 CVM 上。

【任务步骤】

（1）在【腾讯云控制台】中，鼠标依次悬停【云产品→存储→文件存储】，单击【文件存储】。

（2）创建文件存储。单击【新建】按钮；【名称】填写 Lab1-CFS01；【地域】、【可用区】分别选择"广州""广州三区"；【文件服务协议】选择 NFS；【客户端类型】选择 CVM；【网络类型】选择私有网络；【选择网络】选择任务 1 中创建的私有网络及子网即【Lab1-VPC01】和【Lab1-SBN01】；【权限组】选择"默认权限组"；单击【确定】。

（3）单击【文件系统 ID】，单击【挂载点信息】，查看【IP】并记录在实验数据表中。

（4）打开云服务器管理控制台，找到创建的云服务器（Lab1-CVM01），使用用户名（root）、密码（Welcome2Tencent!）登录系统。

（5）进入系统后，输入命令，安装 nfs-utils。

（6）在应用程序目录创建一个实验用文件夹，命令如下。

```
cd /data/wwwroot/default/discuz
mkdir lab1-cfs01
chown apache lab1-cs01
```

（7）在 CVM 中挂载 CFS，命令如下。

```
sudo mount -t nfs -o vers=4 10.0.0.12:/ /data/wwwroot/default/discuz/lab1-cfs01
```

（8）查看已挂载的文件系统，命令如下。

```
mount -l
```

（9）查看该文件系统的容量信息，命令如下。

```
Df -h
```

5. 任务 5：配置应用

【任务目标】在 CVM 上部署 Discuz!，并将 Discuz!平台安装在 CDB 中，然后将论坛平台上的附件上传位置配置到 CFS 上，最后完成论坛平台的访问和使用。

【任务步骤】

（1）打开浏览器，在地址栏输入 CVM 的弹性 IP 地址，可以看到 Discuz!的安装向导。

（2）单击协议下方的【我同意】开始安装，系统开始自动检查运行环境，在【设置运行环境】中，选择【全新安装 Discuz!X（含 UCenter Server）】。

（3）在【创建数据库】—【数据库服务器】，填写任务 3 中记录下来的【数据库密码】、【管理员密码】、【重复密码】，填写【Welcome2Tencent!】，其余信息保持默认，单击【下一步】开始安装。

（4）安装完成后，单击页面右下方的【您的论坛已完成安装，点此访问】，访问论坛首页。

（5）使用管理员账号（admin）和密码（Welcome2Tencent!）登录，单击主页右上角的【管理中心】切换到系统后台（可能需要再次登录，依旧使用管理员账号和密码）。

（6）进入系统后台后，单击顶部导航栏的【全局】，在左侧导航栏单击【上传设置】，将【本地附件保存位置】修改为 "./lab1-cfs01"，【本地附件 URL 地址】修改为 "lab1-cfs01"。

（7）回到论坛前台，进入【默认版块】，单击【发表帖子】，帖子标题和正文输入 "Lab1CFS01 TEST"，单击正文编辑器上方的附件按钮，上传附件，选择本地【Lab1】目录下的 CVM_Introduction.pdf 文件，上传后单击【发表帖子】发布；上传成功。

习　题

一、选择题

1.（　　）系统的基本结构，由多个组件及它们彼此之间的关系组成，并且在一定环境和原则下进行设计和演变。

　　A．云计算　　　　　B．架构　　　　　C．IT　　　　　D．大数据

2．从传统的架构理论出发，围绕企业核心战略，可以将企业架构分解，以下（　　）不是分解后的企业构架。

  A．业务架构   B．数据架构   C．服务架构   D．技术架构

3．（　　）不是云计算架构的设计原则。

  A．可用性和安全性   B．可靠性和可扩展性

  C．可管理性和开放性   D．可变性和预测性

4．（　　）指一个系统能够持续无故障正常运作的概率。

  A．高性能   B．高可用性   C．容灾   D．云安全

5．（　　）是一种基于云计算的桌面服务。

  A．云安全   B．云架构   C．云桌面   D．云系统

二、填空题

1．NIST 云计算架构参考模型定义了 5 种角色，分别是＿＿＿＿、＿＿＿＿、＿＿＿＿、＿＿＿＿和＿＿＿＿。

2．高可用性架构设计的 3 种方式：＿＿＿＿、＿＿＿＿和＿＿＿＿。

3．云计算安全架构设计原则：＿＿＿＿、＿＿＿＿、＿＿＿＿、＿＿＿＿和＿＿＿＿。

4．＿＿＿＿是系统化的对云计算体系的每个环节进行分析并优化，找出瓶颈点并进行调优，提高系统的响应速度、吞吐量，降低各层耦合等。

5．腾讯云 TStack 基于云平台的超融合包括＿＿＿＿、＿＿＿＿和＿＿＿＿。

三、简述与分析题

1．简述云计算架构的概念。

2．简述云计算高可用性架构设计的基本步骤。

3．简述云计算高性能架构设计的步骤。

4．简述两地三中心容灾架构设计。

5．简述常见的不合理的云计算架构设计。

6．简述几种典型的云计算架构。

第 **3** 章 虚拟化技术

随着云计算的兴起，虚拟化技术已经成为当今最基础且最热门的关键技术之一。虚拟化技术就是用虚拟化的软件来代替或者模拟实际存在的对象，把物理资源转变为逻辑上可以管理的资源的技术。这种技术正在改变存储、网络、安全、操作系统和应用程序的使用方式，并表现出巨大的潜力。因此，本章将专门对虚拟化技术进行详细的阐述。

【本章知识结构图】

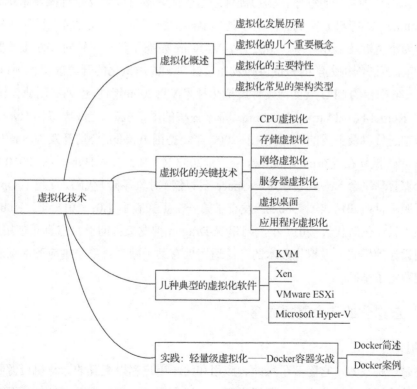

【本章学习目标】

（1）了解虚拟化的基本概念。

（2）理解 3 种常见的虚拟化架构：Type-1、Type-2 和容器。

（3）熟悉常见的虚拟化技术：CPU 虚拟化、存储虚拟化、网络虚拟化、服务器虚拟化和应用程序虚拟化。

（4）掌握 Docker 镜像和容器的使用方法。

3.1　虚拟化概述

虚拟化技术是云计算的关键技术，云计算的应用必定要使用虚拟化技术。云计算时代 IT 的最大特点就是动态，所有的信息和数据都建立在动态的架构上，无限扩展用户的需求来调节资源负载。没有虚拟化动态技术就没有云计算。将云计算基础架构中的硬件变成一种动态的服务，要达到这个目的，关键在于产品的虚拟化能力。虚拟化是实现动态的基础，只有在虚拟化的环境中云计算才能实现动态。

3.1.1　虚拟化发展历程

虚拟化（Virtualization）技术最早出现在 20 世纪 60 年代的 IBM 大型机系统中，在 20 世纪 70 年代的 System 370 系列中逐渐流行起来，这些计算机通过 VMM（Virtual Machine Monitor，虚拟机监控器）的程序在物理硬件之上生成许多可以独立运行操作系统软件的 VM（Virtual Machine，虚拟机）实例。但由于处理器架构的不同，在大型机上已经成熟的虚拟化技术却不能为小型机及 x86 所用。2001 年，VMware 发布了第一个针对 x86 服务器的虚拟化产品；2003 年，英国剑桥大学的一位讲师发布了针对 x86 虚拟化的开源虚拟化项目 Xen，Intel 正式公布在 x86 平台的 CPU 上支持硬件虚拟化技术 VT；2006 年，以色列的创业公司 Qumranet 发布 KVM（Kernel-based Virtual Machine，基于内核的虚拟机），完成虚拟化 Hypervisor 的基本功能、动态迁移以及主要的性能优化；2007 年，德国 Innotek 公司开发 VirtualBox 虚拟化软件；2008 年，微软在发布的 Windows Server 2008 R2 中加入了 Hyper-V；2010 年，NASA 贡献了云计算管理平台 Nova 代码、Rackspace 云存储（对象存储）代码，发起了 OpenStack 云操作系统开源项目；2014 年，Docker 发布了第一个正式版本 1.0；2015 年，Kubernetes 1.0 发布，进入"云原生时代"；2017 年，阿里 X-Dragon 神龙架构问世，它真正使用软硬融合、软硬件协同设计的模式。虚拟化技术的广泛适用性有助于减少对单家供应商的依赖，并为云计算的发展奠定了基础。

3.1.2　虚拟化的几个重要概念

1. 虚拟化

虚拟化是一种技术，它隐藏了系统、应用和终端用户赖以交互的计算机资源物理性的一面，把单一的物理资源转化为多个逻辑资源，可以利用以往被局限于硬件的资源来创建有用的 IT 服务。它能够将物理计算机的工作能力分配给多个用户或环境，从而充分利用计算机的所有能力。虚拟化依赖软件来模拟硬件功能和创建虚拟计算机系统。这使 IT 组织能够在单个服务器上运行多个虚拟系统以及多个操作系统和应用。由此带来的好处包括规模经济和更高的效率等。

假设有 3 台物理服务器，分别用于不同的特定用途。其中一台是邮件服务器，一台是 Web 服务器，最后一台则用于运行企业内部的传统应用，每台服务器只使用了大约 30% 的计算容量。借助虚拟化技术，可以将邮件服务器分为 2 个能够独立处理任务的特殊服务器，从而实现传统应用的迁移，提高资源的利用率。

2．虚拟机

虚拟化的核心是虚拟机，它是一种严密隔离的软件容器，每个虚拟机都是完全独立的，它可以运行自己的操作系统和应用程序，多台虚拟机可以部署在一台物理计算机上，因此仅在一台物理服务器或主机上就可以运行多个操作系统和应用。

3．虚拟化管理器

虚拟化层（以下简称"Hypervisor"）可将虚拟机与主机分离开来，根据需要为每个虚拟机动态分配计算资源。系统虚拟化的原理是通过使用 VMM 在一台物理机上虚拟和运行一台或多台虚拟机，真实的硬件平台和虚拟机则由 VMM 控制。VMM 对下层主机的物理硬件资源（包括 CPU、内存、磁盘、网卡、显卡等）进行封装和隔离，将其抽象为另一种形式的逻辑资源，然后提供给上层虚拟机使用。

通常，在一台物理计算机上会虚拟化出多台虚拟的计算机，这台物理计算机一般被称为宿主机（Host Machine），多台被虚拟出来的计算机则被称为客户机（Guest Machine）。宿主操作系统（Host OS）和客户操作系统（Guest OS）运行的环境不一样，前者运行在物理机中，后者运行在虚拟机中，如图 3-1 所示。

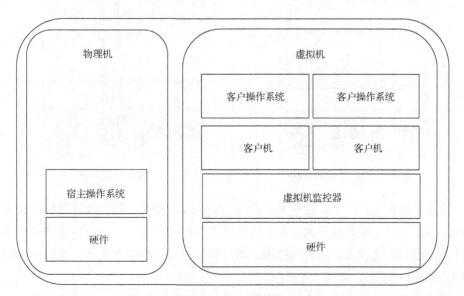

图 3-1　虚拟化架构

3.1.3 虚拟化的主要特性

虚拟化的主要特性如下。

（1）分区：可在一台物理机上运行多个操作系统，可在虚拟机之间分配系统资源。

（2）隔离：可进行硬件级别的故障隔离和安全隔离，可利用高级资源控制功能保持性能。

（3）封装：可将虚拟机的完整状态保存到文件中，移动和复制虚拟机就像移动和复制文件一样轻松。

（4）独立于硬件：可将任意虚拟机置备或迁移到任意物理服务器上。

3.1.4 虚拟化常见的架构类型

根据在整个系统中位置的不同，虚拟化架构分为以下4种：寄居虚拟化架构、裸金属虚拟化架构、操作系统虚拟化架构、混合虚拟化架构。

（1）寄居虚拟化架构。虚拟化管理软件作为宿主操作系统（Windows 或 Linux 等）上的一个普通应用程序，可通过其创建相应的虚拟机，共享底层服务器资源。寄居虚拟化架构如图 3-2 所示。

（2）裸金属虚拟化架构。Hypervisor 指直接运行于物理硬件之上的虚拟化层。它主要实现两个基本功能：首先是识别、捕获和响应虚拟机所发出的 CPU 特权指令或保护指令；其次，它负责处理虚拟机队列和调度，并将物理硬件的处理结果返回给相应的虚拟机，如图 3-3 所示。

图 3-2　寄居虚拟化架构

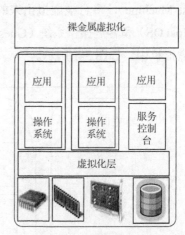

图 3-3　裸金属虚拟化架构

（3）操作系统虚拟化架构。没有独立的 Hypervisor。相反，宿主操作系统本身就负责在多个虚拟服务器之间分配硬件资源，并且让这些服务器彼此独立。一个明显的区别是，如果使用操作系统层虚拟化技术，所有虚拟服务器必须运行同一操作系统（不过每个实例有各自的应用程序和用户账户），如图 3-4 所示。

（4）混合虚拟化架构。将一个内核级驱动器插入宿主操作系统内核。这个驱动器则作为虚拟硬件管理器来协调虚拟机和宿主操作系统之间的硬件访问，如图 3-5 所示。

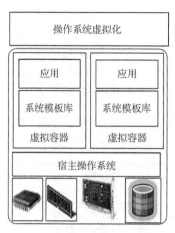

图 3-4 操作系统虚拟化架构

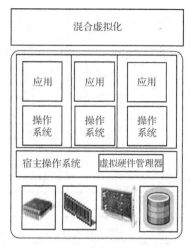

图 3-5 混合虚拟化架构

根据 Hypervisor 的实现方式和所处的位置，虚拟化架构可以分为
Type-1、Type-2 和容器等 3 种。

3-1 虚拟化架构

（1）Type-1 又称为"裸金属架构"，是指 VMM 直接运行在宿主机上。
一般情况下，这种架构对硬件进行了优化，使得硬件能够支持某些虚拟化
功能。Type-1 的典型例子是 Xen 和 ESXi。Type-1 虚拟机负责管理所有的
平台硬件资源，所有虚拟机均受 VMM 的管理。Type-1 虚拟机平台通过宿主机来对整个平台
进行控制。Type-1 架构如图 3-6 所示。

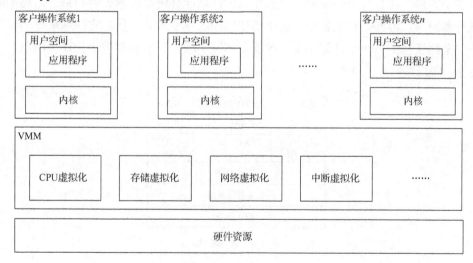

图 3-6 Type-1 架构

（2）Type-2 也被称为"寄居架构"，在此架构下，VMM 不是直接运行在宿主机物理硬件
之上的，而是作为宿主操作系统之上的应用程序来运行，需要借助宿主操作系统来使用设备
资源，KVM 和 VMware 就是 Type-2 虚拟机。Type-2 虚拟机依赖宿主操作系统的设备资源来
完成虚拟化功能，Type-2 虚拟机与硬件设备无关，更容易运行在不同的硬件平台上。Type-2
架构如图 3-7 所示。

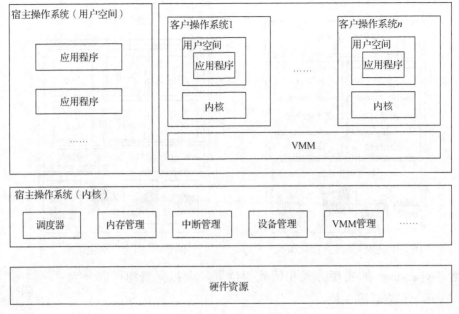

图 3-7　Type-2 架构

（3）容器（Container）采用操作系统层虚拟化技术，使用沙箱机制，容器之间不会有任何接口，容器性能开销极低。容器是轻量级的，它可以和其他容器共享宿主操作系统的内核。客户不再需要将整个服务器专用于单个应用程序，这样不但可以在单个服务器（或虚拟机）上部署多个容器，而且只需要维护一个操作系统，就能够进行快速扩展和部署，还不需要更多的服务器空间。容器是封装程序及其全部依赖项的规范单元，所以它能够从一个计算环境高效、安全地迁移到另一个计算环境。容器化解决了软件开发和部署中的许多问题。容器架构如图 3-8 所示。

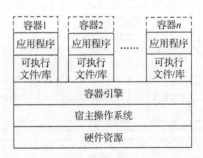

图 3-8　容器架构

常见的容器有 Docker，它于 2013 年作为开源项目被推出，是一个开源的应用容器引擎，基于 Go 语言并遵从 Apache 2.0 协议。Docker 可以让开发者打包应用以及依赖包到一个轻量级、可移植的容器中，然后发布到任何计算机上。它将应用程序依赖项和基础架构分开。Docker 镜像是一个轻量级的、可执行的软件包，它具有执行应用程序所需的全部条件，即代码、运行环境和系统库等。为了使应用程序自成一体，Docker 方法将资源的抽象从硬件级别上升到了操作系统级别。

不论是哪一种类型的虚拟机，都必然要实现 CPU 虚拟化、网络虚拟化、存储虚拟化、中断虚拟化等功能模块。

3.2　虚拟化的关键技术

虚拟化技术是一种调配计算资源的方法，它将应用系统的不同层面——硬件、软件、数据、网络、存储等，一一隔离开来，从而打破数据中心、服务器、存储、网络和应用中的物理设备之间的划分，实现架构动态化，并集中管理和动态使用物理资源及虚拟化资源，以提高系统结构的弹性和灵活性。虚拟化技术具有通过虚拟化层为多个虚拟机划分服务器资源的能力；每个虚拟机可以同时运行一个单独的操作系统（相同或不同的操作系统），能够在一台服务器上运行多个应用程序；每个操作系统只能看到虚拟化层为其提供的虚拟硬件（虚拟网卡、CPU、内存等），以使它认为运行在自己的专用服务器上。

3.2.1　CPU 虚拟化

1．CPU 虚拟化技术基本概念

CPU 虚拟化技术就是单 CPU 模拟多 CPU 并行，允许一个平台同时运行多个操作系统，并且应用程序都可以在相互独立的空间内运行而互不影响，从而显著提高计算机的工作效率。CPU 虚拟化能够让虚拟机直接在处理器上执行大多数指令，让多个虚拟机运行时可以同时访问一个 CPU。

3-2　CPU 虚拟化

现代计算机大多使用 x86 架构的 CPU，该架构的 CPU 并不适合进行虚拟化。从"286时代"开始，Intel 提出了保护模式来增强系统稳定性，让操作系统无法直接访问全部的硬件资源和内存。x86 保护模式下有 4 个特权等级，按照权限下降顺序为 Ring0、Ring1、Ring2、Ring3，如图 3-9 所示。Ring0 是第一个特权等级，也是级别最高的等级，其能够直接访问内存和硬件资源，通常被操作系统和硬件驱动使用。运行在 Ring0 级时，处理器可以无限制地使用全部硬件资源。Ring1 和 Ring2 是第二个和第三个特权等级，在使用硬件时会受到更多限制，其主要供设备驱动使用。Ring3 是第四个特权等级，该等级的应用范围较广。

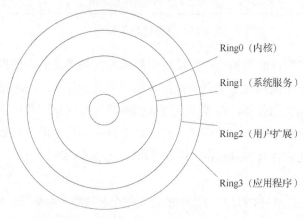

Ring0（内核）

Ring1（系统服务）

Ring2（用户扩展）

Ring3（应用程序）

图 3-9　x86 权限等级环

虚拟化时，所有虚拟机都运行于 Ring0 级之上，因此客户操作系统都运行在非特权模式下。这样会导致原本应该在特权等级执行的命令因为权限不够而只能交给 VMM 执行，这部分指令被称为敏感指令。在 IBM 的 RISC（Reduced Instruction Set Computer，精简指令集计算机）架构中，敏感指令全部为特权指令。但 x86 架构有 17 条敏感指令不属于特权指令，VMM 不处理这些非特权指令，就会出现不受虚拟化控制的指令却工作在虚拟化层之上的现象，导致不可预知的结果，造成虚拟化的失败。

2．CPU 虚拟化分类

虚拟化过程中，根据处理敏感指令的方式，可以将 CPU 虚拟化分为 3 类：完全虚拟化技术、半虚拟化和硬件辅助 CPU 虚拟化。

（1）完全虚拟化技术

1998 年 VMware 首先提出完全虚拟化技术，在虚拟机和硬件之间加入 VMM 负责管理虚拟机。使用完全虚拟化技术，客户机可以直接在 VMM 上运行而不需要对自身做任何修改。完全虚拟化的客户机具有完全的物理机特性，VMM 会为客户机模拟出它所需要的所有抽象资源。

对不支持虚拟化的 CPU 来说，二进制翻译技术使完全虚拟化的实现成为可能。二进制翻译技术来自模拟器领域，由于模拟器常常被用来执行指令集与本机不同的程序，经常需要对指令进行动态翻译和模拟。VMM 对在 CPU 上执行的宿主操作系统的指令进行过滤，当遇到敏感指令时，VMM 能够把一些敏感指令转换成新的指令在虚拟硬件上执行。完全虚拟化架构如图 3-10 所示。

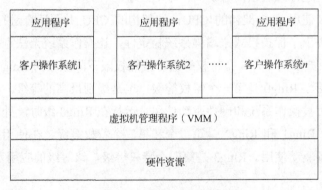

图 3-10　完全虚拟化架构

在完全虚拟化架构中，底层的硬件资源对虚拟机系统是透明的，虚拟机系统认为自己运行在一台物理机上。完全虚拟化的优点是操作系统无须进行任何修改即可运行在虚拟机中，兼容性好，有利于虚拟机的迁移，但操作系统必须能够支持底层硬件；完全虚拟化的缺点是虚拟化加入的 VMM 层要消耗一定的资源，造成虚拟机在性能方面不如物理机。

典型的完全虚拟化软件有 VMware、Virtual PC、Hyper-V 等。

（2）半虚拟化

为了实现虚拟机，必须将 CPU 指令集中的特权指令和敏感指令分开，然而对于那些已占据大量市场份额的 CPU（如 Intel 的 CPU），在早期并不区分特权指令和敏感指令，因此采用该 CPU

的平台是不可被虚拟化的。为了在不支持虚拟化的 CPU 上实现虚拟化，产生了半虚拟化技术。

半虚拟化技术通过修改客户操作系统的内核代码来对特权指令和敏感指令进行区分，它将敏感指令封装成对 Hypervisor 的一种调用。当修改过的虚拟机操作系统执行敏感指令时，将敏感指令传递给 VMM，让其对敏感指令进行模拟，从而达成虚拟化实现的必需条件。早期的 Xen 就是典型的采用半虚拟化技术的 VMM，此外还有 KVM。

半虚拟化和完全虚拟化类似，也需要在硬件和虚拟机之间加入 VMM，不同的是半虚拟化还需要修改虚拟机系统的内核，半虚拟化架构如图 3-11 所示。

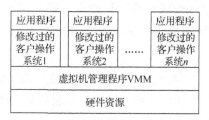

图 3-11 半虚拟化架构

半虚拟化中，由于 VMM 并没有虚拟所有的组件，因此开销较小，性能从理论上说比完全虚拟化更好。由于半虚拟化需要修改操作系统内核，因此只适用于开源系统。半虚拟化在修改系统内核的同时也降低了操作系统的兼容性，增加了迁移难度。

（3）硬件辅助 CPU 虚拟化

完全虚拟化和半虚拟化都可在 x86 上实现，但需要通过复杂的软件支持，由此降低了虚拟化效率。随着各 CPU 厂商纷纷开始对虚拟化做出支持，采用硬件辅助虚拟化技术来实现完全虚拟化已成为现实，硬件虚拟化使 VMM 的实现更为精简，同时也可获得更好的性能。主流的硬件辅助虚拟化技术有 Intel CPU 的硬件辅助虚拟化技术 Intel VT-x 和 AMD CPU 的硬件辅助虚拟化技术 AMD-V。

采用该技术的 x86 架构 CPU 提供了两种模式，即根模式（Root Mode）和访客模式（Guest Mode），每一种模式都提供了 4 层特权等级（Ring0～Ring3）。VMM 使用根模式下的 Ring0 和 Ring3，虚拟机操作系统使用访客模式下的 Ring0 和 Ring3。当在访客模式下使用 Ring0 的特权指令时，CPU 会从访客模式退出，进入根模式。VMM 在根模式下使用特权指令，将会按照 x86 架构在处理器上执行。

从访客模式转换到根模式会消耗大量 CPU 资源，为提高性能，Intel 和 AMD 都做了大量的优化，将在 VMM 中进行简单处理的指令在访客模式下执行。

完全虚拟化和半虚拟化均通过软件实现，可以称为软件虚拟化。硬件辅助 CPU 虚拟化需要在底层硬件支持下进行，仅有 CPU 生产厂家才可实现。

3.2.2　存储虚拟化

1. 存储虚拟化基本概念

存储虚拟化对多个物理存储设备进行抽象，将多台磁盘阵列进行集成

3-3　存储虚拟化

和统一管理，形成一个虚拟化的逻辑池，让用户对逻辑存储进行操作。它管理着下层不同的存储设备，对上层用户屏蔽不同设备的差异。

2．存储的类型

（1）磁盘阵列由若干硬盘组成，由阵列控制器管理，外置存储系统，需要使用线缆连接到服务器。可以将磁盘阵列划分为很多虚拟磁盘，对不同的服务器提供数据存储服务。磁盘阵列的优点是存储容量大、数据读取速率高、扩展性好。

磁盘阵列中使用 RAID（Redundant Arrays of Independent Disks，独立磁盘冗余阵列）技术，RAID 将单独的磁盘组合形成一个逻辑硬盘，提高磁盘读写性能和数据安全性。不同的组合方式可用 RAID 级别标识，如 RAID 0、RAID 1、RAID 3、RAID 5、RAID 6、RAID 10 等。

（2）DAS（Direct Attached Storage，直接附接存储）通过标准接口技术如 SCSI（Small Computer System Interface，小型计算机系统接口）与服务器直接相连，如服务器内部硬盘。随着存储设备的不断增加，对 DAS 设备的管理越来越困难。每个 DAS 只能被少数服务器访问，当大量用户访问同一存储系统时，对相应服务器的性能影响较大。

（3）在 NAS（Network Attached Storage，网络附接存储）结构中，数据处理和存储是分离的，存储设备独立地存在网络中，为其他网络节点提供服务。NAS 相当于网络中的一台主机。NAS 提供的最小存储单元是文件。NAS 的优点是具有良好的开放性、共享性，易于部署和管理，对距离的限制少，适用于文件共享服务。而在大型网络中，由于数据量较大，NAS 的缺陷就显现出来，如单点故障和传输安全性受影响等。

（4）SAN（Storage Area Network，存储区域网）基于光纤通道传输介质，在服务器、存储设备之间建立直接传送数据的专用存储网络。SAN 提供块数据级的服务。由于其采用高速通道，SAN 能获得较高的传输速率，SAN 具有出色的可靠性和可扩展性，并且便于集中管理数据。

3．存储虚拟化技术

存储虚拟化技术可以分为基于主机的、基于存储网络的和基于存储设备的 3 种方式。

（1）基于主机的存储虚拟化。在主机的操作系统上部署存储虚拟化软件，将物理磁盘当作逻辑卷进行使用和管理。应用和操作系统可以在逻辑卷上配置文件系统、数据库等。该方式支持的功能比较全面，不需要额外的硬件设备，但维护和配置较为繁杂，对于需要大规模部署且环境复杂的场景较为适用。

（2）基于存储网络的存储虚拟化。在 SAN 中部署专用虚拟化设备，实现存储设备的虚拟化。专用虚拟化设备一般为特定的软硬件一体化设备。该方式维护和配置较为简单，但受制于专用虚拟化设备的性能，对于小规模部署且数据吞吐量不高的场景较为适用。

（3）基于存储设备的存储虚拟化。通过光纤通道将多台磁盘阵列互连，并选取其中性能和功能最好的一台作为存储控制器；通过该控制器实现各台磁盘阵列的管理和磁盘之间的数据迁移。这种方式主要被存储厂商采用，好处是对用户透明化、使用简单。该方式对存储网络压力小，数据不需要通过网络便可进行迁移和复制，但该方式在兼容性上可能会存在较大的问题，且存在单点故障、可靠性一般等问题。

4．存储虚拟化作用

存储虚拟化技术可实现统一管理和灾备两大功能。

（1）在统一管理方面，存储虚拟化设备可将不同类型的磁盘阵列统一接管，磁盘阵列把LUN（Logical Unit Number，逻辑单元号）映射给存储虚拟化设备，存储虚拟化设备把存储资源池化，上层应用系统主机只需访问存储虚拟化设备，无须面对不同品牌的磁盘阵列，便于维护管理。系统管理员不需要给服务器安装不同品牌的存储多路径软件，不需要学习多种品牌存储设备的使用方法。形成资源池后可提高资源利用率。

（2）在灾备方面，存储虚拟化技术通过卷镜像技术可实现数据实时同步。两台存储设备上的 LUN 被虚拟化为一个虚拟卷，服务器读写操作的对象是卷，存储虚拟化设备把数据同时写入两台存储设备。当其中任意一台存储设备发生故障时虚拟卷仍能正常工作，当故障的存储设备被修复后，存储虚拟化设备会把增量数据同步到被修复的存储设备中。整个过程在服务器层面感知不到故障发生。

存储虚拟化设备本身通过多节点（控制器）保证高可用性，服务器可以通过存储虚拟化设备的任意一个节点访问共享卷，当存储虚拟化设备的一个节点发生故障时，其他节点仍可继续提供服务。以双数据中心存储虚拟化设备为例，每个数据中心部署 1 台存储虚拟化设备，每台存储虚拟化设备有 2 个节点，整个双活存储系统总共有 4 个节点。只要这 4 个节点中的任意一个能正常工作，服务器就能正常访问存储设备。

3.2.3　网络虚拟化

1．网络虚拟化基本概念

网络虚拟化是一种基于用户实际需求来扩展网络服务的技术，能将网络进行逻辑虚拟化，在原有网络设备硬件系统上，运行逻辑隔离的半封闭

3-4　网络虚拟化

网络，可有效提升网络资源的利用效率。网络虚拟化将网络的硬件和软件资源整合，向用户提供虚拟网络连接的技术。它通过虚拟化技术对物理网络进行抽象并提供统一的可编程序接口，将多个彼此隔离且具有不同拓扑结构的虚拟网络构建在同一个物理网络之上，并通过不同的虚拟网络为用户提供个性化的服务。网络虚拟化保留网络中原有的拓扑与层次结构、数据通道和相关服务，实现服务透明化。

2．网络虚拟化特点

（1）透明性。网络虚拟化可以使业务的数据流使用同一套物理设备资源，终端业务用户无感知。

（2）隔离性。网络虚拟化可以实现不同业务之间相互完全隔离，不需要考虑不同逻辑网络使用的协议、兼容性、IP 地址冲突之类的问题。

（3）可靠性。物理链路虚拟化捆绑技术提升了链路带宽和稳定性，为系统提供了稳定、可靠的通信链路。

（4）安全性。虚拟化是增强网络安全属性的必备手段，单套逻辑网络被病毒或恶意软件攻击并不影响整体虚拟化平台的工作。恶意软件造成的破坏均被限制在特定的会话或逻辑网络中。

（5）可定制。虚拟化后，可以根据用户需求进行网络带宽的分配、数据转发优先级的定义，实现差异性服务。

3. 网络虚拟化技术

网络虚拟化主要包括 3 个方面：物理主机内部网络虚拟化、网络交换设备虚拟化和网络虚拟化的统一管理。

网络虚拟化技术研究主要集中在 IP 网络虚拟化领域。IP 网络虚拟化主要包括网元虚拟化、链路虚拟化、隧道虚拟化。

（1）网元虚拟化

网元虚拟化主要分为横向和纵向虚拟化两种不同类型，以满足数据中心核心网络扩展和增强系统稳定性的需求。

① 横向虚拟化技术。指多个物理网络设备虚拟成 1 台逻辑网络设备，即 $N:1$ 的虚拟化组合技术。网元设备在进行路由、数据处理时分为操控平面和数据转发平面。横向虚拟化技术根据控制平面的不同，可分为操控转发平面一体化的方案，如华为 CSS（Cluster Switching System，集群交换系统）技术、新华三 IRF（Intelligent Resilient Framework，智能弹性架构）技术及思科 VSS（Virtual Switching System，虚拟交换系统）技术，操控转发平面相互独立的方案，如华为 M-LAG（Multichassis Link Aggregation Group，跨设备链路聚合）技术、新华三 DRNI（Distributed Resilient Network Interconnect，分布式弹性网络互连）技术及思科 VPC 技术。随着网络设备的数据处理性能的不断提高，单台网络设备也可以虚拟化成多台逻辑网络设备，即 $1:N$ 虚拟化技术，如华为的 VS（Virtual System，虚拟化系统）、新华三的 MDC（Multienant Device Context，多租户设备环境）及思科的 VDC（Virtual Device Context，设备虚拟化环境）技术。

横向虚拟化将链路可靠性从单板级提高至系统级，基本消除二层生成树，使上行链路在故障情况下不间断转发成为可能。网络设备横向虚拟化控制平面和转发平面相互独立时，在稳定性、可靠性要求高的场景中较堆叠系统具有明显优势。

② 纵向虚拟化技术。从纵向维度上支持系统异构扩展，即在以太逻辑虚拟设备上把一台盒式设备作为一块远程接口板加入主设备系统，以达到扩展 I/O 端口能力和集中控制管理的目的，可以满足数据中心虚拟化高密度接入并简化管理的要求。

纵向虚拟化主要分为单宿主模式和双宿主模式。单宿主模式可以实现对单台交换机的端口扩展或实现对横向虚拟化系统的端口扩展；双宿主模式主要扩展在横向虚拟化基础上的端口功能。

纵向虚拟化大大提高了核心设备端口密度，在纵向维度上支持异构扩展，达到了扩展 I/O 端口能力和集中控制管理的目的。如新华三对应的端口扩展技术为 VCF（Virtual Converged Framework，虚拟融合框架）、华为对应的端口扩展技术为 SVF（Super Virtual Fabric，超级虚拟交换）、思科对应的端口扩展技术为 FEX（Fabric Extender，矩阵扩展器）。

核心交换机与接入交换机之间使用纵向虚拟化机制后，接入交换机的端口映射到核心交换机管理平面。虽然纵向虚拟化后使得管理简化，但核心交换机和接入交换机之间的固件耦合性变高，不同厂商设备之间不能实现纵向虚拟化。同时，双宿主模式下需要注意两端控制交换机的配置冗余一致性，否则易出现网络环路现象。

（2）链路虚拟化

链路虚拟化主要分为广域网链路和局域网链路虚拟化两种类型。

链路虚拟化的主要目的是提高路由链路冗余性及链路带宽，为多个不同网络或者不同业务（时延敏感或吞吐量敏感等）提供所需链路资源。链路虚拟化技术主要分为"多合一"技术和"一分多"技术。

① "多合一"是指利用设备间物理上的多条链路聚合成一条链路，如 PPP Multilink/IP-Trunk 和 EtherChannel。PPP Multilink/IP-Trunk 主要是应用在广域网链路上的捆绑技术，EtherChannel 则是应用在局域网以太链路上的捆绑技术。链路捆绑后呈现在操作系统层级的就是一条捆绑后的逻辑链路接口。当然，链路虚拟化也有应用限制，主要存在链路捆绑后可靠性降低和部分应用场合无法正常工作的情况。

② "一分多"是指将一条物理链路划分成多条虚拟链路，如 CPOS 接口（Channelized POS Interface，通道化 POS 接口）、以太子接口技术等。1 个 CPOS 接口可以分为 63 个 E1 链路，而以太子接口在带宽满足要求的前提下可以分为若干个子接口。

随着对链路虚拟化技术认识的深入，出现了类似网元虚拟化技术中的 $N:1:M$ 技术，以提升网络带宽和可用性。"多合一"后再使用"一分多"技术的典型应用是在路由器上通过以太通道绑定实现"双臂"路由，然后在路由器的虚拟接口下划分子接口形式。

（3）隧道虚拟化

隧道虚拟化从结构上主要分为横向架构和纵向架构两种模式。

① 横向架构模式主要实现虚拟链路到物理链路的映射，这条虚拟链路可能会穿过多台路由器，类似于 GRE/VPN/OTV/EVI/VPLS 等隧道虚拟化技术，主要目的是提供点到点业务服务和穿越公网的 L2VPN/L3VPN 服务。IPv6 的应用普及，使得在 IPv4 和 IPv6 共存的过渡阶段，IPv6 和 IPv4 网络交互也需要利用隧道技术。

② 纵向架构模式就是将物理端口切分成若干虚拟隧道预留给虚拟网络，类似于 ATM（Asynchronous Transfer Mode，异步传输方式）/CPOS 接口/以太子接口技术，主要是为了端口时隙复用，提高端口隔离度，增强安全性。ATM 技术通过使用 VPI（Virtual Path Identifier，虚路径标识符）和 VCI（Virtual Channel Identifier，虚通道标识符）信头标签实现虚拟隧道功能。

此外也常常需要对终端设备（网卡）进行虚拟化，网卡需要划分为软件网卡虚拟化和硬件网卡虚拟化。

（1）软件网卡虚拟化主要通过软件控制虚拟机共享宿主机的物理网卡，软件虚拟出来的网卡可以有单独的 MAC 地址、IP 地址。所有虚拟机的虚拟网卡通过虚拟交换机连接物理网卡，其中虚拟交换机负责将虚拟机上的数据报文从物理网卡转发出去。所有针对虚拟化服务器的技术都是通过软件模拟虚拟化网卡的端口，以满足虚拟机的 I/O 需求，因此在虚拟化环境中，软件性能很容易成为 I/O 性能的瓶颈。

（2）硬件网卡虚拟化主要用到的技术是 SR-I/OV（Single Root I/O Virtualization，单根 I/O 虚拟化），SR-I/OV 是一项不需要软件模拟就可以共享 I/O 设备、I/O 端口物理功能的技术。SR-I/OV 创建了一系列 I/O 设备物理端口的 VF（Virtual Function，虚拟功能），每个 VF 都被直接分配到虚拟机。SR-I/OV 能够让网络传输绕过软件模拟层，直接分配到虚拟机，这样降低了软件模拟层中的 I/O 开销。

3.2.4　服务器虚拟化

服务器虚拟化是指在一台物理服务器上通过软件虚拟出多个虚拟服务器，各个虚拟服务器之间相互隔离，能够同时运行相互独立的操作系统，这些操作系统通过 VMM 来与硬件进行通信并进行管理。服务器虚拟化可以让 CPU、内存、磁盘、I/O 等硬件变成可以动态管理的资源池，从而提高资源的利用率、简化系统管理、实现服务器整合。

服务器虚拟化需要达到一致性、高效性、可控性的要求。

（1）一致性是指应用程序在虚拟服务器上运行的效果必须与在物理服务器上运行的效果一致。

（2）高效性是指应用程序在虚拟服务器上运行所使用的性能代价相对较低，也就是要求虚拟服务器的大部分指令能够直接在物理服务器上运行。

（3）可控性是指 VMM 能够完全控制物理服务器的资源，保证各虚拟服务器完全独立并相互隔离，同时能够根据需求回收已经分配给虚拟服务器的资源。

服务器虚拟化包括 CPU 虚拟化、内存虚拟化、I/O 虚拟化等。CPU 虚拟化完成单 CPU 到多个逻辑 CPU 的并行；内存虚拟化完成虚拟机逻辑内存地址、伪内存硬件地址到实际内存硬件地址的转化；I/O 虚拟化对输入输出硬件设备进行虚拟化，供多个虚拟机使用。

3.2.5　虚拟桌面

1．虚拟桌面基本概念

虚拟桌面是操作系统和应用程序的预配置映像，其中桌面环境与用于访问它的物理设备是分开的。用户可以通过网络远程访问虚拟桌面。任何终端设备（例如笔记本电脑、智能手机或平板电脑）都可用于访问虚拟桌面。虚拟桌面提供商在终端设备上安装客户端软件，然后用户可以与终端设备上的该软件进行交互。

虚拟桌面的外观和给人的感觉就像物理工作站。用户体验却通常比物理工作站更好，因为存储和后端数据库等强大的资源随时可用。用户可能无法保存更改或永久安装应用程序，具体取决于虚拟桌面的配置方式。用户每次登录时都以完全相同的方式体验虚拟桌面，无论用户从哪个设备登录。用户被允许从任何类型的终端设备上的任何地方访问虚拟桌面和应用程序，而 IT 组织可以利用位于中心的数据中心部署和管理这些桌面。

2．虚拟桌面工作原理

虚拟桌面提供商使用虚拟化软件从计算机硬件中抽象出操作系统。操作系统、应用程序和数据不是在硬件上运行的，而是在虚拟机上运行的。组织可以在本地托管虚拟机。在基于云的虚拟机上运行虚拟桌面也很常见。该技术已经发展到允许多用户共享一个运行多个虚拟桌面的操作系统。

IT 管理员可以选择为虚拟桌面基础架构购买虚拟桌面瘦客户端，或者将旧的甚至过时的 PC 用作虚拟桌面终端，从而节省资金。虚拟桌面非常适合进行季节性工作或雇用承包商进行大型项目临时工作的组织。虚拟桌面也适用于经常出差的销售人员，因为虚拟桌面是相同的，并且无论销售人员在哪里工作，都可以访问所有相同的文件和应用程序。

3．虚拟桌面的优点

（1）安全性。虚拟桌面优于物理桌面的一点是安全性。数据存储在数据中心而不是单个终端计算机上，这样可以提高数据安全性。如果端点设备被盗，其不包含任何可供窃贼访问的数据。

（2）灵活性。对于拥有灵活劳动力的组织，虚拟桌面具有明显的优势。IT 管理员可以快速轻松地分配虚拟桌面,而无须为可能仅在短时间内需要虚拟桌面的用户配置昂贵的物理机。

（3）成本。由于虚拟桌面只需要较少的物理设备和维护，因此其比物理桌面更具成本效益。

（4）轻松管理。IT 部门可以从一个中心位置轻松管理大量分散在各处的虚拟桌面，使软件更新更快、更容易，因为可以一次性完成所有计算机的更新，而不是一台计算机。

（5）计算能力。虚拟桌面只需要瘦客户端，因为桌面的计算能力来自强大的数据中心。

4．虚拟桌面的缺点

如果数据中心的存储空间不足，用户将无法访问虚拟桌面。能够为多个虚拟桌面存储数据的大型存储环境可能会变得昂贵。网络连接不好会影响用户体验，如果没有网络连接，用户也将无法访问虚拟桌面。

3.2.6　应用程序虚拟化

1．应用程序虚拟化基本概念

应用程序虚拟化是将应用程序与操作系统解耦合，为应用程序提供虚拟的运行环境。在这个环境中，不仅包括应用程序，还包括它所需要的运行时环境。从本质上说，应用程序虚拟化是把应用对底层的系统和硬件的

3-5　应用程序虚拟化

依赖抽象出来，以解决版本不兼容的问题。常见的杀毒软件中的沙箱模式就属于应用程序虚拟化，其能够满足程序运行要求，但与操作系统隔离，即使有病毒也不会对系统产生影响。典型的应用程序虚拟化还有 JVM（Java Virtual Machine，Java 虚拟机）和 PVM（Python Virtual Machine，Python 虚拟机）。下面以 JVM 为例进行说明。

2．JVM

JVM 是连接应用程序与系统平台及计算机硬件的桥梁，是操作系统中的一个作业，所有 Java 应用程序均归属某一个虚拟机实例，当运行作为 Java 程序起点的 main()方法时，JVM 便被创建。JVM 被创建后，在虚拟机运行过程中会创建守护线程，守护线程的作用是监测非守护线程的执行过程，保障程序的完整执行，直到应用程序退出。

JVM 的本质就是程序，当它在命令行上启动的时候，就开始执行保存在某字节码文件中

的指令。Java 语言的可移植性正是建立在 JVM 的基础上。任何平台只要装有针对该平台的 JVM，字节码文件（.class）就可以在该平台上运行。这就是"一次编译，多次运行"。

JVM 可以看作是运行中的虚拟机实例，当启动一个 Java 程序时，一台虚拟机实例就产生了，当该程序关闭时，这台虚拟机实例也随之消失。如果一台计算机中同时运行 n 个 Java 程序，就会同时产生 n 个 JVM 实例，每个 Java 程序运行在其 JVM 实例中。

在 Java 平台的结构中，JVM 处在核心的位置，它的下方是移植接口。移植接口由两部分组成，其中依赖于平台的部分称为适配器。JVM 通过移植接口在具体的平台和操作系统上实现，JVM 的上方是 Java 的基本类库和 API。利用 Java 的 API 编写的应用程序可以在任何 Java 平台上运行而无须考虑底层平台，从而实现 Java 的平台无关性。

每一个 JVM 都有一个类加载器，它根据给定的全限定名来装入类或者接口；同样，每个 JVM 都有一个执行引擎，它负责执行那些被加载的类方法中的指令。

JVM 的系统结构如图 3-12 所示。

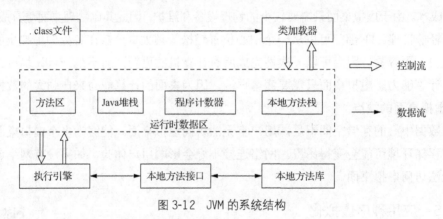

图 3-12　JVM 的系统结构

JVM 的具体实现过程如图 3-13 所示。

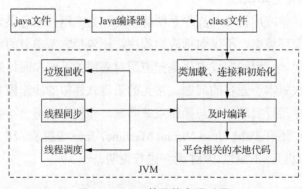

图 3-13　JVM 的具体实现过程

3.3　几种典型的虚拟化软件

虚拟化软件分为开源软件和商业软件两种。开源软件以 Xen 和 KVM 为代表，其特点是成本低、产品免费；商业软件以 VMware ESXi 和 Hyper-V 为代表，其特点是性能稳定、功能丰富、技术支持能力强，但成本高。

3.3.1 KVM

KVM 是一个独特的管理程序，其让 Linux 内核变成一个管理程序，通过让 KVM 作为一个内核模块来实现虚拟化管理。在虚拟环境下 Linux 内核集成管理程序将 KVM 作为一个可加载的模块，可以简化管理以及提升性能。KVM 使用标准 Linux 调度程序、内存管理器和其他服务，将虚拟技术建立在内核上而不是替换内核。

KVM 架构如图 3-14 所示。KVM 基于 Linux 内核实现，这就使 Linux 内核相当于一个 Hypervisor。KVM 创建虚拟机，进入 Linux 内核空间运行；由 Linux 内核调度程序进行调度，为虚拟客户机生成一个普通的 Linux 进程；KVM 通过 kvm.ko 模块，为虚拟机提供 CPU 和内存虚拟化，以及客户机的 I/O 拦截；客户机的 I/O 被 KVM 拦截

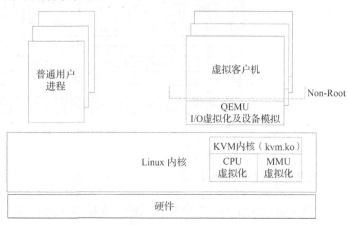

图 3-14　KVM 架构

后，交给 QEMU 处理；QEMU 运行在用户空间，提供 I/O 及其他硬件（如网络、存储等）虚拟化；QEMU 通过访问 ioctl() 和 /dev/kvm 设备，与 KVM 进行交互，并显示给用户。KVM 仅支持完全虚拟化（如 Intel VT/AMD-V）。

3.3.2 Xen

Xen 作为最优秀的半虚拟化引擎之一，在基于硬件的虚拟化帮助下，完全支持虚拟化 Microsoft Windows。它被设计成一个独立的内核，只需要 Linux 执行 I/O，这样使得它非常大，并且它有自己的调度程序、内存管理器、计时器和计算机初始化程序等。Domain 0（特权虚拟机）是其他虚拟机的管理者和控制者，可以构建其他更多的 Domain，并管理虚拟设备；它还能执行管理任务，比如虚拟机的休眠、唤醒和迁移其他虚拟机。此外，Domain U 是指除了 Domain 0 之外的普通虚拟机。

Xen 架构如图 3-15 所示。Xen 属于轻量级 Hypervisor，直接运行在硬件上，使 CPU 虚拟化、MMU（Memory Management Unit，存储管理部件）虚拟化；Domain 0 通过加载物理驱动，获得硬件和管理其他操作系统的访问权限，直接访问物理硬件（如存储和网卡）；通过 PV（Para-Virtualization，半虚拟化）后端驱动，支持虚拟机访问网卡等硬件；其他虚拟机通过 PV 前端驱动，与 Domain0 进行交互，申请使用硬件。Xen 支持半虚拟化，能让 PV 虚拟机有效运行而无须仿真，从而实现高性能；也支持全虚拟化，即 HVM（Hardware Virtual Machine，硬件

虚拟机），通过修改 QEMU 仿真所有硬件（包括 BIOS、IDE 控制器、VGA 显示卡、USB 控制器和网卡等），就如同在物理硬件上直接运行虚拟机，不受其他虚拟机的影响。

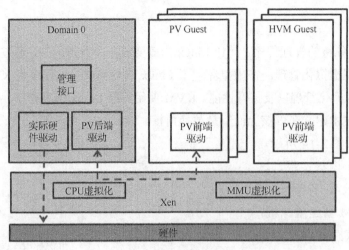

图 3-15　Xen 架构

3.3.3　VMware ESXi

VMware ESXi 为完全虚拟化系统，支持 Windows 系统、Linux 系统等主流操作系统。它自带 P2V（Physical to Virtual，物理到虚拟）迁移功能，可支持直接导入第三方虚拟系统来实现 V2V（Virtual to Virtual，虚拟到虚拟）迁移功能。由于 ESXi 系统可直接在服务器上安装而不需要其他操作系统的支持，因此能够充分发挥出硬件性能，控制功能在 ESXi 内核中即可实现。

3.3.4　Microsoft Hyper-V

Microsoft Hyper-V 为半虚拟化系统，支持 Windows 系统、Linux 系统等，P2V 及 V2V 迁移功能均需要通过第三方工具来实现；可在 Windows 系统内实现控制功能，但不包含第三方驱动。由于底层系统为 Windows Server 系统，因此系统相对安全可靠且执行效率高，可充分利用硬件资源，使虚拟机系统性能更接近真实物理机系统性能。

3.4　实践：轻量级虚拟化——Docker 容器实战

3.4.1　Docker 简述

Linux 上的虚拟化技术主要包括两类：一类是管理技术，如 KVM；另一类是容器技术，如 Linux 提供的 LXC（Linux Container，Linux 容器）。Docker 是构建在 LXC 之上的虚拟机解决方案。

3-6　轻量级虚拟化——Docker容器实战

Hyper-V、KVM 和 Xen 等虚拟机管理程序都是基于虚拟化硬件仿真机制，对系统的要求很高。然而，容器使用共享的操作系统，在系统资源方面容器比虚拟机管理程序更高效。Docker 建立在 LXC 的基础上，有自己的文件系统、存储系统、处理器和内存等部件。容器与虚拟机的区别主要在于，虚拟机管理程序对整个设备进行抽象处理，具有良好的兼容性，而容器只对操作系统内核进行抽象处理，降低了系统性能的开销。从隔离的有效性角度来看，Docker 不如虚拟机管理程序彻底。

Docker 的管理主要包括镜像、容器和仓库 3 部分。

（1）镜像是动态容器的静态表示，包括容器所要运行的应用代码和运行时的配置，与主机共享操作系统资源。Docker 镜像包括一个或者多个只读层，因此，镜像一旦被创建就不能被修改了。一个运行着的 Docker 容器是一个镜像的实例。在同一个镜像中运行的容器包含相同的应用代码和运行时依赖。但是与静态的镜像不同，每个运行着的容器都有一个可写层，这个可写层位于若干只读层上。

运行时的所有变化，包括对数据和文件的写和更新操作，都会被保存在可写层中。因此，在同一个镜像中运行的多个容器包含不同的容器层。一个 Docker 镜像可以构建于另一个 Docker 镜像之上，这种层叠关系可以是多层的。

Docker 镜像通过镜像 ID 进行识别。镜像 ID 是一个有 64 位字符的十六进制字符串。但是，当运行镜像时，通常不会使用镜像 ID 来引用镜像，而使用镜像名。

（2）容器是一个开源的应用容器引擎，让开发者打包应用以及依赖包到一个可移植的容器中，然后发布到 Linux 系统中，也可以实现虚拟化。容器完全使用沙箱机制，相互之间不会有任何接口，几乎没有性能开销，可以很容易地在计算机和数据中心中运行。

如果把镜像比作类，容器就是实例化后的对象。

当启动一个容器时，首先 Docker 会检查本地是否存在该镜像，如果在本地没有找到该镜像，则 Docker 会去官方的 Docker Hub Registry 查看 Docker Hub 中是否有该镜像。一旦找到该镜像，就会下载该镜像并将其保存到本地的宿主机中。然后，Docker 在文件系统内部用这个镜像创建一个新的容器。该容器拥有自己的网络、IP 地址，以及一个用来和宿主机进行通信的桥接网络接口。最后，用户"告诉"Docker 在新创建的容器中运行什么命令。当容器创建完毕之后，Docker 就会执行容器中的指定命令，并且有声音提示。

退出容器请使用"exit"命令。

（3）仓库是集中存放镜像的地方，一个注册服务器上有很多仓库，一个仓库中有多个镜像。简单来说，仓库就是一个存放和共享镜像文件的地方。Docker 不仅提供了一个中央仓库，同时也允许使用 Registry 搭建私有仓库。使用私有仓库有很多优点：节省网络带宽，每个镜像不用每个人都去中央仓库下载，只需要从私有仓库中下载即可。

3.4.2　Docker 案例

某学校为满足学生上机学习 Ubuntu 的需求，需要在机房服务器（安装了 CentOS 发行版）上安装 Ubuntu，要求占用较少系统资源，启动速度尽量快，同时添加 Web 服务 Nginx。

（1）操作思路

为了占用较少系统资源，可以考虑使用虚拟化技术，Docker 是一种轻量级容器技术。Docker 容器的启动和停止都很快，对系统资源需求很少。因此本实践使用 Docker 容器技术来实现。首先安装 Docker 软件，然后从 Docker Hub 上拉取 Ubuntu 镜像，最后启动容器即可拥有基本的 Ubuntu 环境了。

（2）操作步骤

① 安装 Docker。

下面以 CentOS 7.x 为例进行说明。

```
#使用阿里云提供的资源来配置 Docker 安装时需要的 extra 源
[root@fanhui ~]# cd /etc/yum.repos.d
[root@fanhui yum.repos.d]# wget http://mirrors.aliyun.com/repo/Centos-7.repo
#将 yum 源文件 Centos-7.repo 中的字符串$releasever 替换成 7
[root@fanhui yum.repos.d]# sed -i 's/$releasever/7/g' Centos-7.repo
#安装 Docker 依赖文件
[root@fanhui yum.repos.d]# yum install -y yum-utils device-mapper-persistent-data lvm2
#配置 Docker 的 yum 源
[root@fanhui yum.repos.d]# yum-config-manager --add-repo https://download.docker.com/linux/centos/docker-ce.repo
#安装 Docker CE
[root@fanhui yum.repos.d]# yum -y install docker-ce
```

② 从 Docker Hub 官网上拉取 Ubuntu 镜像。

从国外网站下载镜像较慢，还可能下载失败，为了加快下载速度，可以使用加速器来下载镜像。常用的加速器有阿里云加速器和 Docker Hub Mirror 加速器，下面以 Docker Hub Mirror 加速器为例来进行说明。

```
[root@fanhui ~]# curl -sSL https://get.daocloud.io/daotools/set_mirror.sh | sh -s
http://ff33ccad.m.daocloud.io           #创建 daemon.json 文件（包含镜像加速器网址）
[root@fanhui ~]# systemctl daemon-reload
[root@fanhui ~r]# systemctl start docker
[root@mail docker]# docker search ubuntu        #搜索 Docker 仓库中所有包含 Ubuntu 的镜像文件
[root@fanhui ~]# docker pull ubuntu             #下载名为 Ubuntu 的镜像
Using default tag: latest
latest: Pulling from library/ubuntu
da7391352a9b: Pull complete
14428a6d4bcd: Pull complete
2c2d948710f2: Pull complete
Digest: sha256:c95a8e48bf88e9849f3e0f723d9f49fa12c5a00cfc6e60d2bc99d87555295e4c
Status: Downloaded newer image for ubuntu:latest
docker.io/library/ubuntu:latest
```

查看安装的镜像。

```
[root@fanhui ~]# docker images
REPOSITORY      TAG        IMAGE ID       CREATED        SIZE
ubuntu          latest     f643c72bc252   3 weeks ago    72.9MB
#一个镜像可以创建多个容器，容器之间相互隔离
#创建一个随机命名的容器，并为容器分配伪终端，最后在容器中执行/bin/bash 命令
[root@fanhui ~]# docker run -it ubuntu /bin/bash
#容器创建完后，自动进入容器
```

```
root@3ecc3ff1642a:/# more /etc/issue          #执行 Ubuntu 的 more 命令
Ubuntu 20.04.1 LTS \n \l
#容器使用完后退出
root@3ecc3ff1642a:/# exit
```

查看系统中所有已安装的容器。

```
[root@fanhui ~]# docker ps -a
CONTAINER ID IMAGE        COMMAND      CREATED        STATUS
PORTS                     NAMES
3ecc3ff1642a     ubuntu       "/bin/bash"   2 minutes ago  Exited (127) 5 seconds ago
busy_goldstine
```

③ 添加 Web 服务。

在 Docker Hub 中下载 Nginx 镜像。

```
[root@fanhui ~]# docker pull nginx
```

启动一个位于该镜像的容器。

```
[root@fanhui ~]# docker run -idt -p 9080:80 nginx
```

④ 删除容器和镜像。

容器不用时，可以删除容器。

```
[root@fanhui ~]# docker rm 3ecc
```

也可以直接删除镜像。

```
[root@fanhui ~]# docker rmi -f f643c
```

习　题

一、选择题

1．有关虚拟化技术的特点，下列说法中错误的是（　　）。

　　A．分区　　　　　　　B．隔离　　　　　　　C．封装　　　　　　D．依赖硬件

2．一个系统要成为虚拟机，需要满足的条件不包括（　　）。

　　A．由 VMM 提供高效、独立的计算机资源

　　B．拥有自己的虚拟硬件（CPU、内存、网络设备、存储设备等）

　　C．上层软件会将该系统识别为真实物理机

　　D．有虚拟机控制台

3．以下关于虚拟机描述错误的是（　　）。

　　A．虚拟机和物理计算机一样，是运行操作系统和应用程序的虚拟计算机

　　B．创建虚拟机时，必须指定创建位置为主机

　　C．虚拟机运行在某个主机上，并从主机上获取所需的 CPU、内存等计算资源，以及图形处理器、USB 设备、网络连接和存储访问能力

　　D．多台虚拟机可以同时运行在一台主机中

4．关于裸金属架构和寄居架构，描述不正确的是（　　）。

　　A．裸金属架构运行在物理裸机上，对宿主机拥有绝对的控制权

  B．裸金属架构的性能要低于寄居架构

  C．寄居架构的很多虚拟化功能依赖于宿主机操作系统本身的功能

  D．寄居架构的很多虚拟化功能依赖于专门硬件

5．有关容器虚拟化的描述中，说法错误的是（ ）。

  A．容器一般运行的是完整的操作系统

  B．容器比虚拟机使用更少的资源，如 CPU、内存等

  C．容器在虚拟机中可被复用，类似于虚拟机在裸机上可被复用

  D．容器的部署时间可以短到毫秒级，虚拟机则只能达到分钟级

6．服务器虚拟化技术主要的作用不包括（ ）。

  A．可以节省资金，节省服务器的采购成本和运行成本

  B．增加管理人员的负担

  C．可以节省空间，由于物理服务器数量的减少而节省了空间

  D．可以提高效率，原来多台服务器大量的网络/存储端口利用率低、成本高，将其整
合成虚拟服务器后大大减少了服务器、网络交换机和线缆的数量，提高了设备的
利用率

7．存储虚拟化不包括（ ）。

  A．磁盘虚拟化   B．块虚拟化   C．数据虚拟化   D．文件系统虚拟化

8．对于主流虚拟化技术 KVM，以下描述不正确的是（ ）。

  A．基于内核的虚拟机

  B．x86 架构下基于 Linux 系统的虚拟化方案

  C．需要依赖 CPU 对虚拟化的支持

  D．无须依赖 CPU 对虚拟化的支持

9．针对完全虚拟化，以下描述不正确的是（ ）。

  A．对客户操作系统友好，不需做任何修改 B．性能不受纯软件模拟影响

  C．有利于虚拟机的迁移   D．底层硬件对虚拟机是透明的

10．关于 CPU 虚拟化，以下说法正确的是（ ）。

  A．同样的环境下，硬件辅助完全虚拟化的性能最好

  B．半虚拟化技术可以运行 Windows 系统虚拟机

  C．完全虚拟化技术不需要额外占用 CPU 和内存资源

  D．硬件辅助完全虚拟化，CPU 有根态和非根态两种状态

11．服务器虚拟化的兼容性是指（ ）。

  A．虚拟化出来的 CPU、内存等硬件与应用程序兼容

  B．虚拟化前的主机与操作系统兼容

  C．虚拟化出来的 CPU、内存等硬件与操作系统兼容

  D．虚拟化出来的 CPU、内存等硬件与虚拟化层兼容

12．云计算和虚拟化的关系是（　　　）。

　　A．云计算就是虚拟化　　　　　　　　B．虚拟化是云计算的基础

　　C．云计算是虚拟化的一部分　　　　　D．虚拟化是云计算的组成部分

13．下列有关 Docker 的说法中错误的是（　　　）。

　　A．Docker 实现了"一次封装，到处运行"的目标

　　B．LXC 和 Docker 都是容器虚拟化技术，但是 Docker 具备更好的接口和更完善的配套，相当于经过精美封装和性能优化的 LXC

　　C．Docker 支持多个容器，一台主机上能同时运行几十个 Docker 容器

　　D．Docker 是基于 Go 语言的开源项目

二、填空题

1．在一个物理计算机上虚拟化出多个计算机，物理计算机一般被称为_____，多个虚拟的计算机则被称为_____。宿主操作系统运行在_____，客户操作系统运行在_____中。

2．虚拟机管理程序的特点有_____、_____和_____。

3．虚拟机常见的架构有_____、_____和_____。

4．服务器虚拟化技术包括_____、_____和_____。

三、简述与分析题

1．简述虚拟化技术的原理。

2．简述软件网卡虚拟化和硬件网卡虚拟化的区别。

3．简述 Docker 与虚拟机的区别。

4．简述常用的虚拟化软件 VMware、Xen、Hyper-V 和 KVM。

第 **4** 章 云计算技术

云计算技术是分布式处理、并行计算和网格计算等概念的发展和商业实现，其技术实质是计算、存储、网络、应用软件等 IT 软硬件资源的虚拟化。云计算在虚拟化、数据存储、数据管理、编程模式等方面具有自身独特的技术。本章将从云计算的分布式存储技术、云计算网络、云计算安全等方面带领读者领略云计算的魅力。

【本章知识结构图】

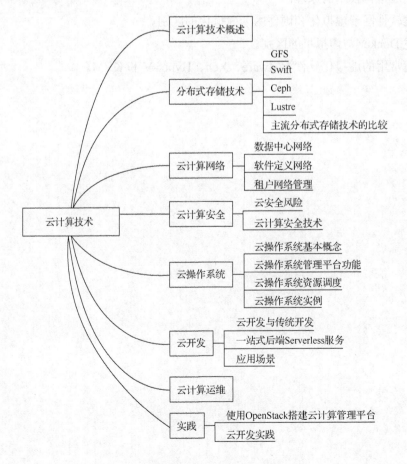

【本章学习目标】

（1）了解云计算的分布式存储技术、云计算安全技术、云操作系统，云计算运维等相关知识。

（2）理解数据中心网络拓扑、软件定义网络基础架构和 OpenDaylight 管理云网络基本架构。

（3）熟悉常见的分布式存储技术以及各自的特点，常用资源调度策略及算法解决云计算资源调度。

（4）掌握搭建 OpenStack 云计算平台。

4.1 云计算技术概述

随着云计算的快速发展，社会的工作方式和商业模式发生了翻天覆地的变化。云计算技术提升了企业系统应用的硬件设施和企业生产力。各行各业对云的使用率不断提高，对云的需求不断增加，且呈现出多样化的特征，企业的数字化转型迈向更高水平。许多云计算公司都推出了自己的云服务产品，比如阿里云、腾讯云、百度智能云、华为云等。要解决如何为用户提供云计算、云存储、云网络、云安全、云数据库、云管理与部署应用等 IT 基础设施云服务，支撑企业的各类上云业务场景等问题，了解和掌握云计算技术就显得十分必要。

云计算技术的发展阶段如下。

第一阶段。分布式和虚拟化技术解决了供应链弹性、整体可扩展性和部分资源利用率问题，推动互联网企业从"大机"向分布式系统整个迁移。

第二阶段。资源池化技术通过计算、存储分离的架构，对基础算力资源进行统一调度、编排，提供了超大规模的计算和存储资源池，提高了云计算的可靠性和可用性。

第三阶段。2022 年 6 月，阿里云发布 CIPU（Cloud Infrastructure Processing Units，云基础设施处理器），CIPU 具备对底层基础设施资源进行虚拟化管理的能力，能承载飞天对这些资源的编排和调度需求，并具备存储、网络、计算、安全等硬件加速能力，开启了云计算技术的第三阶段。在存储方面，CIPU 对存算分离架构的块存储接入进行硬件加速，可提供超高性能的云盘。在网络方面，CIPU 对高带宽物理网络进行硬件加速，通过建设大规模的弹性 RDMA（Remote Direct Memory Access，远程直接存储器访问）分布式高性能网络，实现 RDMA 技术的普惠化，客户无须修改代码，即可享受 CIPU 的加速"红利"。在计算方面，CIPU 可快速接入不同类型资源的神龙服务器，带来算力的"0"损耗，以及硬件级安全的加固隔离能力（如可信根、数据加解密等）。

云计算是将计算、存储、网络以及虚拟化等技术进行结合的技术方案，是产品技术和商业模式创新相结合形成的数字基础设施。其关键技术包括虚拟化技术、分布式存储技术、云计算网络技术、云计算安全技术、云操作系统、云开发、云计算运维等。

4.2 分布式存储技术

4-1 分布式存储
技术

　　分布式存储技术是一种数据存储技术，它通过网络使用企业中的每台计算机上的磁盘空间，并将分散的存储资源构成一个虚拟的存储设备，数据分散地存储在企业的各个角落。

　　存储根据其类型，可分为块存储、对象存储和文件存储。在主流的分布式存储技术中，Ceph 是一个统一存储，支持块存储、对象存储和文件存储；Swift 属于对象存储；GFS、HDFS 和 Lustre 属于文件存储。

4.2.1 GFS

　　GFS 是谷歌的分布式文件存储系统，是专为存储海量搜索数据而设计的，于 2003 年提出，是闭源的分布式文件系统。其适用于大量的顺序读取和顺序追加（如大文件的读写），注重的是大文件的持续稳定带宽，而不是单次读写的延迟。

1. GFS 的主要架构

　　GFS 的架构比较简单，一个 GFS 集群一般由一个 master（GFS 元数据服务器）、多个 chunkserver（GFS 存储节点）和多个 client（GFS 客户端）组成。在 GFS 中，所有文件被切分成若干个 chunk，每个 chunk 拥有唯一不变的标识（在创建 chunk 时，由 master 负责分配），所有 chunk 实际存储在 chunkserver 的磁盘上。为了容灾，每个 chunk 都会被复制到多个 chunkserver 中。

2. GFS 的功能模块

　　GFS 的功能模块如图 4-1 所示。

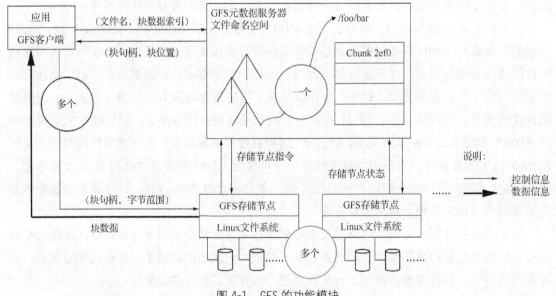

图 4-1　GFS 的功能模块

GFS 客户端：为应用提供 API，与 POSIX API 类似。同时从 GFS 元数据服务器读取缓存的元数据 chunk 信息。

GFS 元数据服务器：管理所有文件系统的元数据，包括命令空间（目录层级）、访问控制信息、文件到 chunk 的映射关系、chunk 的位置等。同时 GFS 元数据服务器还管理系统范围内的各种活动，包括 chunk 创建、复制，数据迁移，垃圾回收等。

GFS 存储节点：用于所有 chunk 的存储。一个文件被分割为多个大小固定（默认 64MB）的 chunk，每个 chunk 有全局唯一的 chunk ID。

3．GFS 数据写入流程

GFS 数据写入流程如图 4-2 所示。

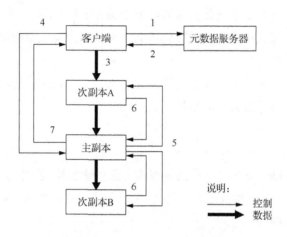

图 4-2　GFS 数据写入流程

（1）客户端向元数据服务器询问要修改的 chunk 在哪个 chunkserver 上，以及该 chunk 其他副本的位置信息。

（2）元数据服务器将主副本、次副本的相关信息返回给客户端。

（3）客户端将数据推送给主副本和次副本。

（4）当所有副本都确认收到数据后，客户端发送写请求给主副本，主副本给不同客户端的操作分配序号，保证操作顺序执行。

（5）主副本把写请求发送到次副本，次副本按照主副本分配的序号顺序执行所有操作。

（6）当次副本执行完所有操作后回复主副本执行结果。

（7）主副本回复客户端执行结果。

由上述可见，GFS 在进行数据写入时有如下特点。

（1）GFS 在数据读写时，数据流与控制流是分开的，并通过租约机制，在跨多个副本的数据写入中保障顺序一致。

（2）元数据服务器将 chunk 租约发放给其中一个副本，这个副本被称为主副本，由主副本确定 chunk 的写入顺序，次副本则遵守这个顺序，这样即可保障全局顺序一致。

（3）元数据服务器返回客户端主副本和次副本的位置信息，客户端缓存这些信息以备将来使用，只有当主副本所在 chunkserver 不可用或返回租约过期时，客户端才需要再次联系元数据服务器。

（4）GFS 采用链式推送，以最大化利用每个机器的网络带宽，避免网络瓶颈和高延迟连接，最小化推送延迟。

（5）GFS 使用 TCP（Transmission Control Protocol，传输控制协议）流式传输数据，以最小化延迟。

4．GFS 特点

（1）适合大文件场景的应用，特别是针对 GB 级别的大文件，适用于对数据访问延时不敏感的搜索类业务。

（2）中心化架构，只有 1 个元数据服务器处于 active 状态。

（3）缓存和预取，通过在客户端缓存元数据，尽量减少与元数据服务器的交互，通过文件的预读取来提升并发性能。

（4）高可靠性，元数据服务器需要的持久化数据会通过操作日志与 checkpoint 的方式存放多份，故障后元数据服务器会自动切换重启。

4.2.2　Swift

Swift 最初是由 Rackspace 公司开发的分布式对象存储服务，于 2010 年贡献给了 OpenStack 开源社区作为其最初的核心子项目之一，为其 Nova 子项目提供虚拟机镜像存储服务。

1．Swift 的主要架构

Swift 采用完全对称、面向资源的分布式系统架构设计，所有组件都可扩展，避免因单点失效而影响整个系统的可用性，Swift 的分布式系统架构如图 4-3 所示。

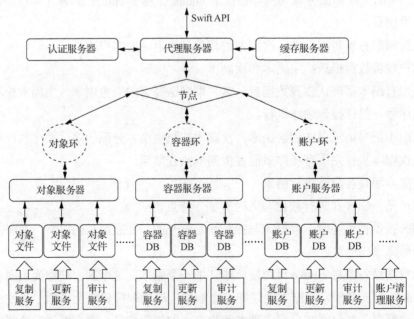

图 4-3　Swift 的分布式系统架构

（1）代理服务器（Proxy Server）：对外提供对象服务 API，转发请求至相应的账户、容器或对象服务。

（2）认证服务器（Authentication Server）：验证用户的身份信息，并获得一个访问令牌（Token）。

（3）缓存服务器（Cache Server）：缓存令牌、账户和容器信息，但不会缓存对象本身的数据。

（4）账户服务器（Account Server）：提供账户元数据和统计信息，并维护所含容器列表的服务。

（5）容器服务器（Container Server）：提供容器元数据和统计信息，并维护所含对象列表的服务。

（6）对象服务器（Object Server）：提供对象元数据和内容服务，每个对象会以文件形式存储在文件系统中。

（7）复制服务（Replicator）：检测本地副本和远程副本是否一致，采用推式（Push）更新远程副本。

（8）更新服务（Updater）：完成对象内容的更新。

（9）审计服务（Auditor）：检查对象、容器和账户的完整性，如果发现错误，文件将被隔离。

（10）账户清理服务（Account Reaper）：移除被标记为删除的账户，删除其所包含的所有容器和对象。

2．Swift 的数据模型

Swift 的数据模型采用层次结构，共设 3 层：Account/Container/Object（即账户/容器/对象）。每层节点数均没有限制，可以任意扩展。Swift 的数据模型如图 4-4 所示。

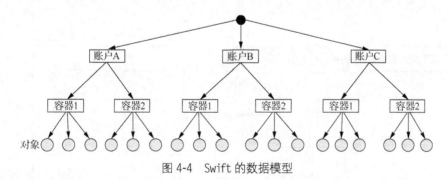

图 4-4　Swift 的数据模型

3．一致性散列函数

Swift 基于一致性散列技术，通过计算将对象均匀分布到虚拟空间的虚拟节点上，在增加或删除节点时可大大减少需移动的数据量。

为便于进行高效的移位操作，虚拟空间大小通常采用 2^n。通过独特的数据结构即环（Ring），将虚拟节点映射到实际的物理存储设备上，完成寻址过程。一致性散列如图 4-5 所示。

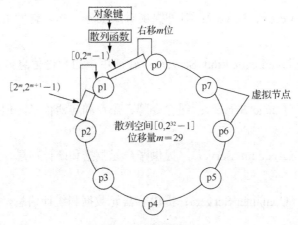

图 4-5　一致性散列

散列空间占 4 个字节（32 位），虚拟节点数最大为 2^{32}，如将散列结果右移 m 位，可产生 $2^{(32-m)}$ 个虚拟节点（如图 4-5 所示，当 $m=29$ 时，可产生 8 个虚拟节点）。

4．环的数据结构

Swift 为账户、容器和对象分别定义了环。环是为了将虚拟节点（分区）映射到一组物理存储设备上，并提供一定的冗余度而设计的，环的数据信息包括存储设备列表和设备信息、分区到设备的映射关系、计算分区号的位移（即图 4-5 中的 m）。

账户、容器和对象的寻址过程如下。对象的寻址过程如图 4-6 所示。

（1）以对象的层次结构即账户名/容器名/对象名作为键，采用 MD5（Message-Digest Algorithm 5，信息-摘要算法 5）的散列算法得到一个散列值。

（2）对该散列值的前 4 个字节进行右移操作（右移 m 位），得到分区索引。

（3）再分区到设备映射表里，按照分区索引，查找该对象所在分区对应的所有物理设备的编号。

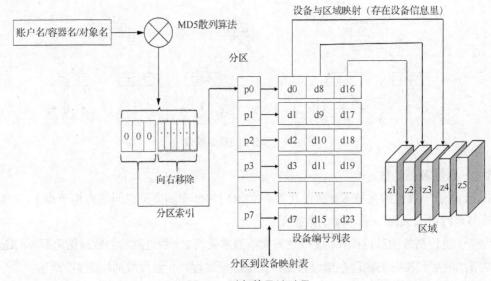

图 4-6　对象的寻址过程

5．Swift 的一致性设计

Swift 采用 Quorum 仲裁协议。

（1）定义。N：数据的副本总数。W：写操作被确认接受的副本数量。R：读操作的副本数量。

（2）强一致性。$R+W>N$，就能保证对副本的读写操作会产生交集，从而保证可以读取到最新版本。

（3）弱一致性：$R+W\leq N$，读写操作的副本集合可能不产生交集，此时就可能会读到脏数据。

Swift 的默认配置是 $N=3$，$W=2$，$R=2$，即每个对象会存在 3 个副本 V1，至少需要更新 2 个副本 V2 才算写成功；如果读到的 2 个数据存在不一致，则通过检测和复制协议来完成数据同步。如 $R=1$，就可能会读到脏数据，此时，通过牺牲一定的一致性，可提高读取速度（而一致性可以通过后台的方式完成同步，从而保证数据的最终一致性）。

Quorum 协议示例如图 4-7 所示。

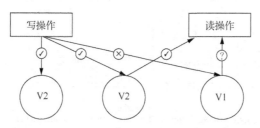

图 4-7　Quorum 协议示例

6．Swift 特点

（1）原生的对象存储，不支持实时的文件读写、编辑功能。

（2）采用完全对称架构，无主节点，无单点故障，易于大规模扩展，性能容量呈线性增长。

（3）数据实现最终一致性，不需要所有副本写入即可返回，读取数据时需要进行数据副本的校验。

7．Swift 与 Ceph 提供的对象存储的区别

（1）客户端在访问对象存储系统服务时，Swift 要求客户端必须访问 Swift 网关才能获得数据，Ceph 可以在每个存储节点上的 OSD（Object-based Storage Device，对象存储设备）中获取数据信息。

（2）在数据一致性方面，Swift 的数据是最终一致，而 Ceph 是始终跨集群强一致。

4.2.3　Ceph

Ceph 最早起源于 2004 年，是塞奇（Sage）就读博士期间的成果，并随后贡献给了开源社区。经过多年的发展之后，Ceph 已得到众多云计算和存储厂商的支持，成为应用最广泛的开源分布式存储平台之一。

Ceph 根据场景可分为对象存储、块设备存储和文件存储。Ceph 相比其他分布式存储技术，其优势为：它在存储的同时还充分利用了存储节点上的计算能力，在存储每一个数据时，都会通过计算得出该数据存储的位置，尽量将数据分布均衡。同时，由于采用了 CRUSH（Controlled Replication Under Scalable Hashing，可扩展哈希下的受控复制）、Hash 等算法，使得它不存在传统的单点故障，且随着规模的扩大，性能并不会受到影响。

1. Ceph 的主要架构

Ceph 的主要架构如图 4-8 所示。Ceph 的最底层是 RADOS（Reliable Autonomic Distributed Object Store，可靠自主的分布式对象存储）系统，它具有可靠、智能、分布式等特性，能实现高可靠、高可拓展、高性能、高自动化等功能，并最终存储用户数据。RADOS 系统主要由两部分组成，分别是 OSD 和 Monitor。

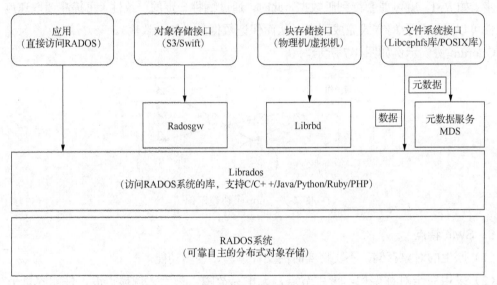

图 4-8　Ceph 的主要架构

RADOS 系统之上是 Librados，Librados 是一个库，应用程序被允许通过访问该库来与 RADOS 系统进行交互，支持多种编程语言，比如 C、C++、Python 等。

基于 Librados 层开发的有 3 种接口，分别是 Radosgw、Librbd 和 MDS（Metadata Server，元数据服务）。

（1）Radosgw 是一套基于当前流行的 RESTful 协议的网关，支持对象存储，兼容 S3 和 Swift。

（2）Librbd 提供分布式的块存储接口，支持块存储。

（3）MDS 提供兼容 POSIX 的文件系统接口，支持文件存储。

2. Ceph 的功能模块

Ceph 的核心组件如图 4-9 所示，包括 client（客户端）、MON（监控服务）、MDS（元数据服务）、OSD（存储服务），各组件功能如下。

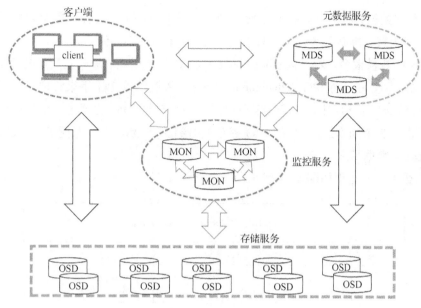

图 4-9　Ceph 的核心组件

（1）client 负责存储协议的接入，节点负载均衡。

（2）MON 负责监控整个集群，维护集群的健康状态，维护展示集群状态的各种图表，如 OSD Map、Monitor Map、PG Map 和 CRUSH Map。

（3）MDS 负责保存文件系统的元数据，管理目录结构。

（4）OSD 主要功能是存储数据、复制数据、平衡数据、恢复数据，以及与其他 OSD 进行心跳检查等。一般情况下一块硬盘对应一个 OSD。

3．Ceph 的资源划分

Ceph 采用 CRUSH 算法，在大规模集群下实现数据的快速、准确存放，同时能够在硬件故障或扩展硬件设备时做到尽可能小的数据迁移，其原理如图 4-10 所示。

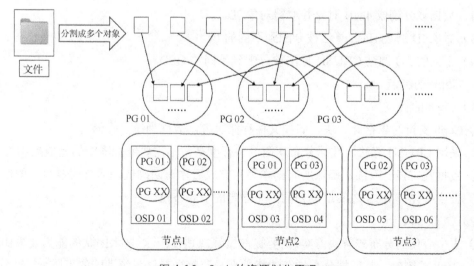

图 4-10　Ceph 的资源划分原理

当用户要将数据存储到 Ceph 集群时，数据先被分割成多个对象（每个对象对应一个对象 ID，大小可设置，默认为 4MB），对象是 Ceph 存储的最小存储单元。

由于对象的数量很多，为了有效减少对象到 OSD 的索引表、降低元数据的复杂度，使写入和读取更加灵活，引入了 PG（Placement Group，放置组）。PG 用来管理对象，每个对象通过 Hash 映射到某个 PG 中，一个 PG 可以包含多个对象。PG 再通过 CRUSH 计算映射到 OSD 中。如果是 3 个副本的，则每个 PG 都会映射到 3 个 OSD 中，保证了数据的冗余。

4．Ceph 的数据写入

Ceph 的数据写入流程如图 4-11 所示。

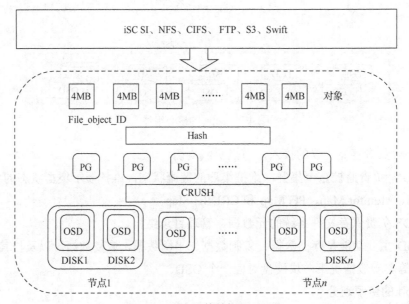

图 4-11　Ceph 的数据写入流程

（1）通过块、文件、对象协议将文件传输到节点上。

（2）数据被分割成 4MB 对象并取得对象 ID。

（3）对象 ID 通过 Hash 算法被分配到不同的 PG 中。

（4）不同的 PG 通过 CRUSH 算法被分配到不同的 OSD 中。

5．Ceph 的特点

（1）Ceph 的优点

① Ceph 支持对象存储、块存储和文件存储服务，故称为统一存储。

② 采用 CRUSH 算法，数据分布均衡，并行度高，不需要维护固定的元数据结构。

③ 数据具有强一致性，确保所有副本写入完成后才返回确认，适合读多写少的场景。

④ 去中心化，MDS 之间地位相同，无固定的中心节点。

（2）Ceph 的缺点

① 去中心化的分布式解决方案,需要提前做好规划设计,对技术团队的能力要求比较高。

② Ceph 扩容时，其数据分布均衡的特性会导致整个存储系统性能的下降。

4.2.4 Lustre

Lustre 是基于 Linux 平台的开源集群（并行）文件系统，最早在 1999 年由皮特·布拉姆（Peter Braam）创建的集群文件系统公司（Cluster File Systems Inc）开始研发，后由 HP、Intel、Cluster File Systems Inc 和美国能源部联合开发，于 2003 年正式开源，主要用于 HPC（High Performance Computing，高性能计算）领域。

1. Lustre 的主要架构

Lustre 的主要架构如图 4-12 所示，Lustre 组件包括如下。

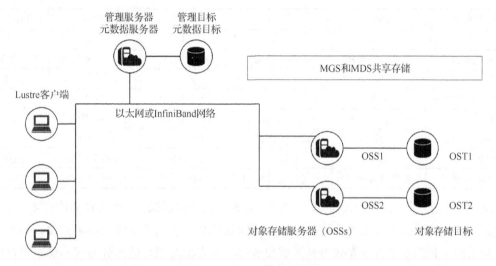

图 4-12 Lustre 的主要架构

（1）管理服务器（Management Server，MGS）：存放集群中所有 Lustre 文件系统的配置信息，Lustre 客户端通过联系 MGS 来获取信息，可以与元数据服务器共享存储空间。

（2）元数据服务器（MDS）：管理存储在元数据目标中的元数据，使存储在一个或多个元数据目标中的元数据可供 Lustre 客户端使用，每个 MDS 可管理一个或多个元数据目标。

（3）元数据目标（Metadata Target，MDT）：MDS 用于存储元数据（例如文件名、目录、权限和文件布局），一个 MDT 可用于多个 MDS，但一次只能有一个 MDS 访问。

（4）对象存储服务器（Object Storage Service，OSS）：为一个或多个本地对象存储目标提供文件 I/O 服务和网络请求处理，通常 OSS 服务于 2～8 个对象存储目标。

（5）对象存储目标（Object Storage Target，OST）：用户文件数据存储在一个或多个对象中，每个对象位于单独的 OST 中。

（6）Lustre 客户端：运行 Lustre 客户端软件的计算节点，可挂载 Lustre 文件系统；客户端软件包括一个管理客户端（Management Client，MGC）、一个元数据客户端（Metadata Client，MDC）和多个对象存储客户端（Object Storage Client，OSC）。每个 OSC 对应于文件系统中的一个 OST。

2. Lustre 特点

（1）支持数万个客户端系统，支持 PB 级存储容量，单个文件最大支持 320TB 容量。

（2）支持 RDMA 网络，大文件读写分片优化，多个 OSS 能获得更高的聚合带宽。

（3）缺少副本机制，存在单点故障。如果一个客户端或节点发生故障，存储在该节点上的数据在重新启动前将不可访问。

（4）适用于 HPC 领域，适用于大文件连续读写。

4.2.5　主流分布式存储技术的比较

几种主流分布式存储技术的比较如表 4-1 所示。

表 4-1　　　　　　　　　　　　　　主流分布式存储技术的比较

比较项目	Ceph	GFS	HDFS	Swift	Lustre
平台属性	开源	闭源	开源	开源	开源
系统架构	去中心化架构	中心化架构	中心化架构	去中心化架构	中心化架构
数据存储方式	块、文件、对象	文件	文件	对象	文件
元数据节点数量	多个	1 个	1 个（主备）	多个	1 个
数据冗余	多副本/纠删码	多副本/纠删码	多副本/纠删码	多副本/纠删码	无
数据一致性	强一致性	最终一致性	过程一致性	弱一致性	无
分块大小	4MB	64MB	128MB	视对象大小	1MB
适用场景	频繁读写场景	大文件连续读写	大数据场景	云的对象存储	HPC

此外，根据分布式存储系统的设计理念，其软件和硬件解耦。分布式存储的许多功能（包括可靠性和性能增强）都由软件提供，因此大家往往会认为底层硬件已不再重要。但事实往往并非如此，我们在进行分布式存储系统集成时，除考虑选用合适的分布式存储技术以外，还需考虑底层硬件的兼容性。根据中国信息通信研究院 2022 年发布的《分布式存储发展白皮书（2022 年）》，分布式存储按照产品交付形态，包括分布式存储一体机产品和分布式存储纯软件产品。分布式存储一体机产品的硬件是采用特定设计或针对性优化的存储硬件，并通过软硬协同实现端到端的高可靠、高性能、高扩展以及一体化的运维能力。分布式存储纯软件产品只交付存储软件，并给出对应的通用硬件兼容性列表，硬件由用户另行选择购买，分布式存储的服务由存储软件厂商和通用硬件厂商分别提供。分布式存储按照产品组成形态，包括商业软件+专用硬件、商业软件+通用硬件、开源软件+通用硬件 3 种形态。其中商业软件分为两条路线，一是完全自主研发，完全掌握底层架构设计和核心代码主动权；二是基于开源分布式存储软件进行开发，做深度改造和优化，使之达到可商用的级别。硬件也分为两条路线，一是采用专用硬件，结合商业软件软硬协同设计达到最佳的性能和可靠性；二是采用通用硬件，以软件兼容的方式选择硬件。大家在选择时，需根据产品的成熟度、风险规避、运维要求等，结合自身的技术力量等，选择合适的产品形态。

4.3　云计算网络

云计算网络是一种 IT 基础设施，是云计算基础架构中的由软件定义的计算机网络，其部分或全部网络功能和资源托管在私有或公有云平台中，由内部或服务提供商管理，并可按需提供，内部和外部的计算资源和用户可以使用云计算网络进行连接、通信。企业可以使用内部部署的网络资源来构建私有云计算网络，也可以使用公有云中的基于云的网络资源，或者两者的混合云计算网络组合，这些网络资源包括虚拟路由器、防火墙、带宽和网管软件等，并可根据需要提供其他工具和功能。

4.3.1　数据中心网络

数据中心网络的拓扑设计是为了缓解数据中心网络建设成本、设备规模及资源利用率之间的矛盾。构建数据中心网络是为了支撑数据中心中服务器主机之间的东西流量和南北流量。数据中心能够提供服务的规模取决于服务器主机的数量，而构建一个数据中心的成本还需要考虑到支撑其网络通信的交换机等设备的数量。设计数据中心的网络架构，用尽可能少的交换机和链路，为尽可能多的服务器主机提供尽可能高的资源利用率，并不是一个简单的问题。为了设计更加高效的数据中心网络，数据中心网络的拓扑结构也在不断发生着新的变化。

为了加深读者对数据中心网络的理解，可以用 Mininet 创建一个简单的由软件定义网络控制的 Clos 数据中心网络。Mininet 是一款基于 Python 和 Linux 网络命名空间实现的轻量级网络仿真工具。由于其默认支持 OpenFlow 实现，经常被用于与软件定义网络相关的网络仿真实验中。Mininet 的最新发布版本可以从其官方网站下载获得。

4.3.2　软件定义网络

SDN（Software Defined Network，软件定义网络）是一种架构，它抽象了网络的不同、可区分的层，使网络变得敏捷和灵活，SDN 的目标是通过企业和服务提供商能够快速响应不断变化的业务需求来改进网络控制。

4-2　软件定义网络

在 SDN 中，网络工程师或管理员可以从中央控制台调整流量，而无须接触网络中的各个交换机，无论服务器和设备之间的特定连接方式如何，集中式 SDN 控制器都会指导交换机在任何需要的地方提供网络服务。

1. SDN 体系架构

作为新一代的网络技术，SDN 体系架构由下到上（或由南到北）可分为 3 个层次：数据平面、控制平面和应用平面。SDN 体系架构如图 4-13 所示。

（1）数据平面：主要由各个网络设备厂商的通用交换设备组成，通过标准的 OpenFlow 接口与控制器通信，确保不同设备之间的配置和通信兼容性以及互操作性。数据平面对数据包的处理主要通过查询由控制平面所生成的转发信息表来完成，达到解析数据包头和转发数据包到某些端口的目的。

（2）控制平面：是 SDN 体系架构的核心，包含在逻辑上为中心的 SDN 控制器，掌握着全局网络信息，负责各种转发规则的控制，建立流量表和数据处理策略。SDN 控制器又可以分为单控制器和多控制器，主要由网络规模而定。

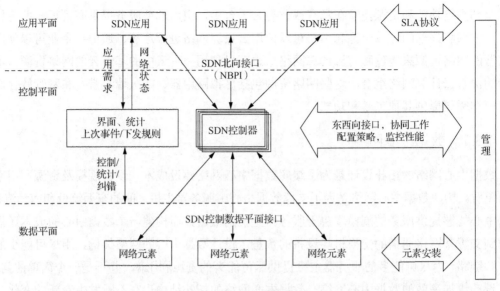

图 4-13　SDN 体系架构

（3）应用平面：包含各种基于 SDN 的网络应用，如负载均衡、流量控制、入侵检测/防御以及 QoS 等；通过北向接口向 SDN 控制平面分发策略。用户无须关心底层细节就可以编程、部署新应用。

（4）SDN 接口：以 SDN 控制器组件为中心，南向接口负责与数据平面进行通信，北向接口负责与应用平面进行通信，东、西向接口负责多控制器之间的通信。

2. OpenFlow

OpenFlow 最基本的特点是基于流（Flow）的概念来匹配转发规则，OpenFlow 流转发规则如图 4-14 所示。每一个交换机都维护一个流表（Flow Table），依据流表中的转发规则进行转发，而流表的建立、维护和下发都是由控制器完成的。针对北向接口，应用程序通过北向接口来调用所需的各种网络资源，实现对网络的快速配置和部署。东、西向接口使控制器具有可扩展性，为负载均衡和性能提升提供了技术保障。

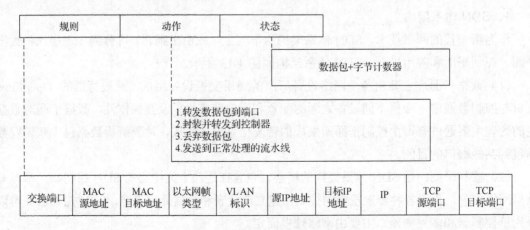

图 4-14　OpenFlow 流转发规则

3．基于 OpenFlow 的 SDN

基于 OpenFlow 的 SDN 基本架构包括应用层、控制器层、基础设施层及这 3 层之间的 SDN
北向接口、SDN 南向接口。所有的 SDN 解决方案都包含这 5 个要素。SDN 架构中的控制器层
在逻辑上是集中的，但其物理位置可以是分散的。基于 OpenFlow 的 SDN 架构如图 4-15 所示。

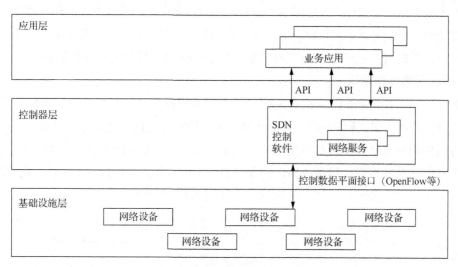

图 4-15　基于 OpenFlow 的 SDN 架构

4．OpenDaylight

OpenDaylight（ODL）是 Linux 软件基金会负责管理的开源项目，是一款使用 Java 开发
的控制器，提供一套基于 SDN 开发的模块化、可扩展、可升级、支持多协议的控制器框架，
推动 SDN 技术的创新实施和透明化。OpenDaylight 基本架构如图 4-16 所示。

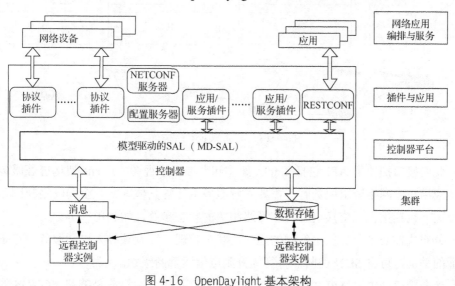

图 4-16　OpenDaylight 基本架构

OpenDaylight 的主要功能如下。

（1）运行时模块化和扩展化：支持在控制器运行时进行服务的安装、删除和更新。

（2）多协议的南向支持：南向支持多种协议。

（3）服务抽象层：南向多种协议对上提供统一的北向服务接口。

（4）开放的可扩展北向 API：通过 REST（Representational State Transfer，描述性状态迁移）或者函数调用方式，提供可扩展的应用 API。

（5）支持多租户、切片：允许网络在逻辑上（或物理上）划分成不同的切片或租户；控制器的部分功能和模块可以管理指定切片；控制器根据所管理的分片来呈现不同的控制观测面。

（6）一致性聚合：提供细粒度复制的聚合和确保网络一致性的横向扩展。

5．开放网络操作系统

ONOS（Open Network Operating System，开放网络操作系统）是专门面向服务提供商和企业骨干网的开源 SDN 操作系统，是由开放网络实验室打造的一款商用控制器。ONOS 旨在满足服务提供商和企业骨干网高可用性、可横向扩展及高性能的网络需求。ONOS 具有的核心功能主要包含北向接口抽象层/API、分布式核心平台、南向接口抽象层/API、软件模块化。具体将在下文做详细分析。ONOS 的设计架构如图 4-17 所示。

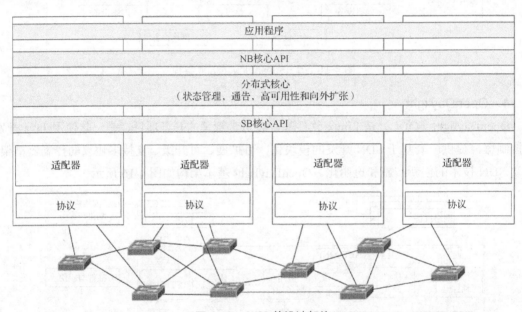

图 4-17　ONOS 的设计架构

（1）北向接口抽象层/API 包括 Intent 架构和全局网络视图。Intent 架构屏蔽服务运行的复杂性，应用在向网络请求服务时不需要了解服务运行的具体细节。全局网络视图为应用提供网络视图，包括主机、交换机以及和网络相关的状态参数，如利用率等。

（2）分布式核心平台提供组件间的通信、状态管理，以及领导人选举服务，它是 ONOS 架构特征的关键，可将 SDN 控制器特征提升到电信运营商级别。

（3）南向接口抽象层/API 由网络单元构成，如交换机、主机或是链路。ONOS 的南向接口抽象层将每个网络单元表示为通用格式的对象，确保 ONOS 可以管控多个使用不同协议的不同设备。

（4）软件模块化是 ONOS 的一大结构特征，方便软件的添加、改变和维护。

6. P4

P4 是一种用于与协议无关的包处理器编程的高级语言，它与 OpenFlow 等 SDN 控制协议协同工作，解决了 OpenFlow 编程能力不足的问题。P4 的工作流如图 4-18 所示。

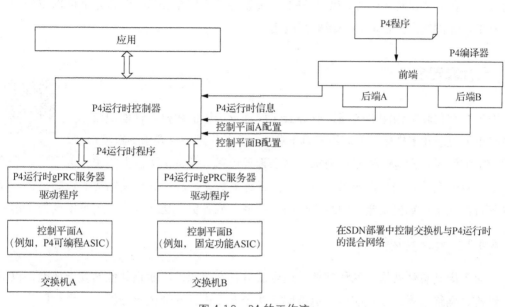

图 4-18 P4 的工作流

7. SDN 功能

SDN 并不会为网络引入新的网络功能，SDN 的主要功能是解决如何让网络的控制逻辑能更好地控制网络中交换机和路由器的行为。而事实上，大多数企业网络的关键却在于丰富而日益增长的网络功能。传统的网络功能，如防火墙、深度包检测、流量负载均衡器等，在各种类型的服务器操作系统上也都带有相关软件实现。

4.3.3 租户网络管理

1. 网络即服务

云计算的核心观念是将所有资源以服务的形式进行抽象，网络也不例外，也就是 NaaS（Network as a Service，网络即服务）。云服务提供商可以将自身的网络资源虚拟化，并允许租户按需对它们进行租用。

2. OpenStack Neutron

OpenStack Neutron 是一个专注于在虚拟计算环境中提供 NaaS 的 SDN 项目。它的前身是 OpenStack 中原有的定义网络模块管理接口的 Quantum 项目。Neutron 已经在 OpenStack 中的 Quantum 里提供了原有网络应用的 API。Neutron 旨在弥补在云环境中已知的传统网络技术缺陷。传统网络管理在多租户环境中租户缺乏对网络拓扑和寻址的控制，使得租户难以部署高级网络服务。

3．基于组的策略

基于组的策略（Group-Based Policy，GBP）是 OpenStack 的 API 框架，提供一种 Intent 驱动模型，旨在以独立于底层基础架构的方式来描述应用程序需求。GBP 没有提供以网络为中心的结构（如第二层域），而是引入了一个通用的"组"基元及一个策略模型来描述组之间的连接性、安全性和网络服务。虽然 GBP 目前仅专注于网络领域，但它完全可以成为一个通用的框架，在网络之外的其他领域取得应用。

4.4 云计算安全

4-3　云计算安全

随着数字化转型浪潮的来袭，业务云化后，身份认证和权限管理领域也变得更加复杂和多样化，不同用户对于身份安全的管理不仅要求细粒度，更希望能够满足量身定制的专项需求，这都为云计算厂商带来了巨大的挑战。云计算安全或云安全指一系列用于保护云计算数据、应用和相关结构的策略、技术和控制的集合，属于计算机安全、网络安全的子领域，或者更广泛地说属于信息安全的子领域。

4.4.1　云安全风险

云服务因其总体架构、网络部署、运维服务具有相似性，面临共性的安全风险，以下从基础设施、网络部署、云上应用、运维服务 4 个方面进行安全风险分析。

1．基础设施安全风险

主要包括物理环境及设备安全风险、虚拟化安全风险、开源组件风险、配置与变更操作错误、带宽恶意占用、资源编排攻击等。

2．网络部署安全风险

主要包括数据泄露、身份和密钥管理、接入认证、跨数据中心的横向攻击、APT（Advanced Persistent Threat，高级长期威胁）等新型攻击。

3．云上应用安全风险

主要包括 API 安全、无服务器攻击、DoS（Denial of Service，拒绝服务）攻击、跨租户/跨省横向攻击、跨工作负载攻击、云服务被滥用及违规使用、用户账号管理安全、核心网攻击等。

4．运维服务安全风险

主要包括管理接口攻击、管理员权限滥用、漏洞和补丁管理安全、安全策略管理等。

4.4.2　云计算安全技术

1．云计算安全审计

云计算安全审计是保障云计算应用安全的有效手段之一，它能够将云上业务运营状态及风险进行充分的检验和评审，识别与云计算应用相关的安全漏洞和风险，预防和发现可能出现的安全隐患，保护云上重要数据资产的安全。云计算安全审计工作可以手动执行，也可以借助自动化工具执行。这类工具多用于识别和修复漏洞、监控安全策略合规情况，并跟踪云环境出现的变化。常用的云计算安全审计工具有：Astra Pentest、Prowler、Dow Jones Hammer、ScoutSuite 和 CloudSploit Scans。

2. 标识与鉴别技术

标识是区别实体身份的方法，用户标识通常由用户名和用户标识符（User Identification，UID）表示，设备标识通常由设备名和设备号表示。用户标识确保系统中标识用户的唯一性，这种唯一性要求在信息系统的整个生存周期中起作用，从而支持系统安全事件的可审计性；设备标识确保连接到系统中的设备的可管理性。鉴别是确认实体真实性的方法。用户鉴别用来确认试图进入系统的用户身份的真实性，防止攻击者假冒合法用户进入系统；设备鉴别用来确认接入系统的设备身份的真实性，防止设备的非法接入。

鉴别的主要特点有鉴别信息的不可见性和难以伪造。常见的鉴别技术有口令鉴别、生物特征鉴别、数字证书鉴别等。

3. 访问控制技术

访问控制技术是通过对信息系统中主、客体之间的访问关系进行控制，实现对主体行为进行限制、对客体安全性进行保护的技术。访问控制是以授权管理为基础实现的。由系统按照统一的规则进行授权管理所实现的访问控制称为强制访问控制；由用户按照个人意愿自主进行授权管理所实现的访问控制称为自主访问控制。基于角色的访问控制是实现保密性保护和完整性保护的安全策略。强制访问控制通常需要按照最小授权原则，对系统管理员、系统安全员和系统审计员的权限进行合理的分配和严格的管理。

4. 数据加密与隐私保护

数据加密的个人隐私保护是计算机系统对敏感信息进行保护的一种可靠方法，数据加密的作用是防止入侵者窃取或者篡改重要的数据。数据加密技术能保证最终数据的准确性和安全性，但计算开销比较大，加密并不能防止数据流向外部，因此，加密自身不能完全解决数据隐私保护的问题。数据加密算法是隐私保护的一项关键技术，数据时代的研究重点将集中在对已有算法的完善，综合使用对称加密算法和非对称加密算法。

云安全联盟在其《云计算关键领域安全指南》中建议敏感数据应该：加密以确保数据隐私，使用认可的算法和较长的随机密钥；先进行加密，再从企业传输到云服务提供商；无论在传输中、静态时还是使用中，都应该保持加密；云服务提供商及其工作人员根本无法获得解密密钥。

5. 数据安全隔离技术

数据安全隔离技术是 DSA（Data Security Area，数据安全区域）源代码防泄密的核心。其通过网络加密、存储隔离、端口隔离及磁盘加密，形成完整的四重底层安全机制。该安全机制在客观上形成了以加密子网为边界的、彻底实现物理隔离的坚实的安全基础。

数据安全隔离技术如下。

（1）网络加密：安全区网络加密，形成加密子网，非安全区无法接入。

（2）存储隔离：安全区存储隔离，数据只能存储在安全区内，非安全区无法保存。

（3）端口隔离：安全区端口隔离，U 盘等数据只能拷进安全区，但安全区数据无法拷出。

（4）磁盘加密：安全区磁盘加密，只能在安全区内正常加载使用，非安全区无法读取。

6. 多租户技术

多租户技术（Multi-Tenancy Technology）或称多重租赁技术，是一种软件架构技术，它探讨与实现如何在多用户的环境下共用相同的系统或程序组件，仍可确保各用户间数据的隔离性。多租户技术的实现重点，在于不同租户间应用程序环境的隔离以及数据的隔离，以维持不同租户间应用程序不会相互干扰，同时增强了数据的保密性。

多租户即多个租户共用一个实例，租户的数据既有隔离又有共享，从而解决数据存储的问题。从架构层面来分析，SaaS 与传统技术的重要区别就是多租户模式。SaaS 的多租户模式在数据存储上存在 3 种主要方案。

（1）共享数据库，共享数据架构。所有的软件系统客户共享相同的数据库实例以及相同的数据库表。

（2）共享数据库，隔离数据架构。软件系统客户共享相同的数据库实例，但是每个客户单独拥有自己的由一系列数据库表组成的架构。

（3）独立数据库。每个软件系统客户单独拥有自己的数据库实例。

7. 网络隔离技术

网络隔离技术是指两个或两个以上的计算机或网络在断开连接的基础上，实现信息交换和资源共享。也就是说，通过网络隔离技术既可以使两个网络实现物理上的隔离，又能在安全的网络环境下进行数据交换。网络隔离技术的主要目标是将有害的网络安全威胁隔离开，以保障数据信息在可信网络内进行安全交互。目前，一般的网络隔离技术都是以访问控制思想为策略，物理隔离为基础，并定义相关约束和规则来保障网络的安全强度。

一般情况下，网络隔离技术主要包括内网处理单元、外网处理单元和专用隔离交换单元。内网处理单元和外网处理单元都具备一个独立的网络接口和网络地址来分别对应连接内网和外网，而专用隔离交换单元则通过硬件电路控制高速切换连接内网或外网。

网络隔离技术的基本原理是通过专用物理硬件和安全协议在内网和外网之间架构安全隔离网墙，使两个系统在空间上物理隔离，同时又能过滤数据交换过程中的病毒、恶意代码等信息，以保证数据信息在可信的网络环境中进行交换、共享，同时还要通过严格的身份认证机制来确保用户获取所需数据信息的安全性。

网络隔离技术的关键是有效控制网络通信中的数据信息，即通过专用硬件和安全协议来完成内外网间的数据交换，以及利用访问控制、身份认证、加密签名等安全机制来实现交换数据的机密性、完整性、可用性、可控性，提高不同网络间的数据交换速度，透明支持交互数据的安全性。

8. 云灾备

云灾备将灾备看作一种服务，采用由客户付费使用灾备服务提供商提供的灾备的服务模式。在这种模式下，客户可以利用灾备服务提供商的优势技术资源、丰富的灾备项目经验和成熟的运维管理流程，快速实现其灾备目标，降低其运维成本和工作强度，同时也降低灾备系统的总体拥有成本。

云灾备服务主要有数据级灾备和应用级灾备。

① 数据级灾备。数据级灾备的关注点在于数据，即灾难发生后，灾备服务平台依靠基于网络的数据复制工具，实现生产中心和灾备中心之间的异步/同步的数据传输，可以确保客户原有的业务数据不遭破坏。

② 应用级灾备。在数据级灾备的基础上构建应用级灾备系统，具备应用系统接管能力，即在异地灾备中心再构建一套支撑系统、备用网络系统等。当生产环境发生故障时，灾备中心可以接管应用以继续运行，减少系统宕机时间，保证业务连续性。

4.5 云操作系统

4-4 云操作系统

不同于传统操作系统仅针对整台单机的软硬件进行管理，云操作系统通过管理整个云计算数据中心的软硬件设备，来提供一整套基于网络和软硬件的服务，以便更好地在云计算环境中快速搭建各种应用服务。

4.5.1 云操作系统基本概念

云操作系统又称云 OS、云计算操作系统、云计算中心操作系统，是以云计算、云存储技术作为支撑的操作系统，是云计算后台数据中心的整体管理运营系统。它是指构架于服务器、存储、网络等基础硬件资源和单机操作系统、中间件、数据库等基础软件之上的、管理海量的基础硬件、软件资源的云平台综合管理系统。

云操作系统通常包含大规模基础软硬件管理、虚拟计算管理、分布式文件系统、业务/资源调度管理、安全管理控制等组件。它可用于管理和驱动海量服务器、存储等基础硬件，将一个数据中心的硬件资源在逻辑上整合成一台服务器；为云应用软件提供统一、标准的接口；管理海量的计算任务以及资源调配。

4.5.2 云操作系统管理平台功能

（1）集群管理。用户可以一键创建灵活的管理集群，支持集群弹性伸缩，节点支持升降配置；用户独占集群，可自定义专有网络 VPC 等环境，保证集群安全隔离；整合命名空间，提供一个集群内不同环境的逻辑隔离能力。

（2）应用管理。支持通过标准镜像发布应用，也支持通过模板发布应用，应用内服务一键部署/停止；实例快速发布、回滚，利用滚动升级不中断业务更新服务；服务发现，通过负载均衡域名或服务名称加端口访问服务，避免受到服务后端变化时 IP 地址变更带来的影响；支持数据卷管理，对有状态服务数据进行多形式的持久化存储；动态扩缩，服务水平灵活扩展，应对业务的快速变化；配置项以数据卷或环境变量的方式挂载到容器组中，支持可视化和 YAML（YAML Ain't Markup Language，以数据为中心的标记语言）两种编辑形式；安全灾备，容器异常自动恢复，服务容器可跨集群部署、可快速迁移。

（3）交付中心。本地仓库提供安全、高可用的私有镜像仓库以及私有 Chart 仓库；拥有丰富的权限控制，针对不同集群、项目进行读写权限分配。应用市场提供官方 Chart 包，结合 Helm 功能可简化 Kubernetes 部署应用的版本控制、打包、发布、删除、更新等操作。镜像市场定期更新 Docker Hub 官方主流镜像，提供 Docker Hub 官方镜像加速拉取功能。模板仓库集成 Kubernetes 配置项目可简化应用模板管理。

（4）运维管理。云监控的集成与使用，为云服务的集群、应用服务、容器组、实例等提供即开即用的监控数据采集、聚合展示、报警等功能。用户可以验证集群、应用是否正常运行，并创建相应的报警机制。使用云监控可节省用户自建容器监控的各项成本，结合云监控的一站式服务可保障业务的稳定运行。日志服务的集成与使用，基于物理机或虚拟机部署的应用，日志采集相关技术都比较完善，有比较健全的 Logstash、Fluentd、Filebeat 等。云服务支持以多种方式进行应用日志的管理，通过云提供的原厂日志服务，用户可以享受一站式的日志管理，方便对云服务集群内的日志进行集中管理、实时查询、统计分析、归档备份，实现快速定位并解决问题。

4.5.3　云操作系统资源调度

资源调度是指在特定的资源环境下，根据一定的使用规则，在不同的资源使用者之间进行资源调整的过程，资源调度示例如图 4-19 所示。通常存在两种途径可以实现计算任务的资源调度：在计算任务所在的计算机上调整分配给它的资源使用量，或者将计算任务转移到其他计算机。而云资源调度主要分为 3 层：应用程序资源调度，虚拟资源（如虚拟机）到物理资源调度，物理资源调度和落地。

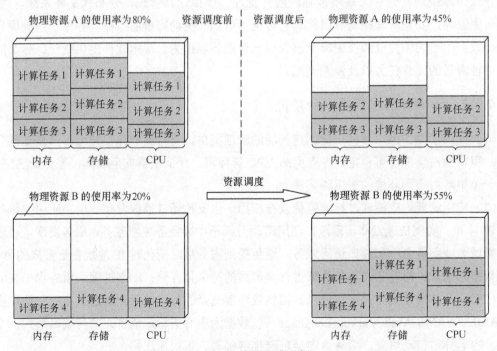

图 4-19　资源调度示例

4.5.4 云操作系统实例

VMware vSphere 是业界第一款云操作系统，是由虚拟化技术衍生出来的。vSphere 能够更好地进行内部云与外部云之间的协同，构建跨越多个数据中心以及云服务提供商的私有云环境。

浪潮云海 OS 是第一款国产的云计算中心操作系统，采用"Linux+Xen"开放标准技术路线，支持分布式计算、分布式存储等，相比较当前业界性能得分最佳的厂商，浪潮云海 OS 具有性能更好、可用性更强、成本更低等优点。

曙光 Cloudview 云 OS 是一款面向公有云和私有云的云操作系统，通过网络将 IT 基础设施资源、软件与信息等按需提供给用户使用，支持 IaaS，并通过部署平台服务软件和业务服务软件来支持 PaaS 和 SaaS。

华为云操作系统 FusionSphere 是华为自主创新的一款云操作系统，提供强大的虚拟化功能和资源池管理、丰富的云基础服务组件和工具、开放的运维和管理 API 等，专门为云计算环境设计。

阿里云飞天分布式系统是由阿里云自主研发的、服务全球的超大规模通用云计算操作系统。它可以将遍布全球的百万级服务器连成一台超级计算机，以在线公共服务的方式为社会提供计算能力。它希望解决人类计算的规模、效率和安全问题，提供足够强大的、通用的和普惠的计算能力。

4.6 云开发

云开发是云端一体化的后端云服务，采用 Serverless 架构，免去了移动应用构建中烦琐的服务器搭建和运维。同时云开发提供的静态托管、命令行工具、Flutter SDK 等功能降低了应用开发的门槛。使用云开发可以构建完整的小程序/小游戏、H5、Web、移动 App 等应用。

4.6.1 云开发与传统开发

云开发与传统的前后端开发模式天然互补。基于云开发构建应用层/服务中台，能够解决传统开发模式的效率低、耗时多、依赖后台、不够灵活等问题，更快地响应业务需求。

云开发提供完整的后端云服务，提供数据库、存储、函数、静态托管等基础能力，以及扩展能力，无须管理基础架构。与传统的开发模式相比，云开发至少可节省 50%的人力成本、提升 70%的交付效率，传统开发与云开发如图 4-20 所示。

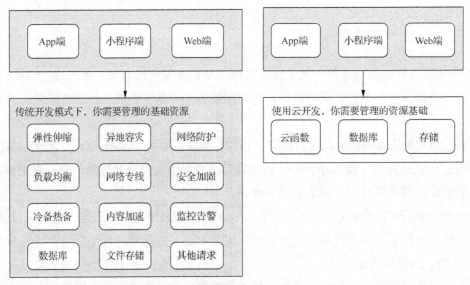

图 4-20 传统开发与云开发

4.6.2 一站式后端 Serverless 服务

云开发为开发者提供一站式后端 Serverless 服务，开发者无须购买数据库、存储等基础设施服务，无须搭建服务器即可使用。具体说明如下。

（1）计算能力。在腾讯云基础设施上弹性、安全地运行云端代码，提供的云函数能力使开发者无须购买、搭建服务器即可快速运行开发者自定义函数。

（2）数据库能力。高性能的数据库读写服务，可以直接在客户端对数据进行读写，无须关心数据库实例和环境。

（3）文件存储能力。高扩展性、低成本、可靠和安全的文件存储服务，可快速地实现文件上传、下载，文件管理等功能。

4.6.3 应用场景

在云开发的体系架构下，云开发的基础能力可用于多场景开发，如图 4-21 所示。

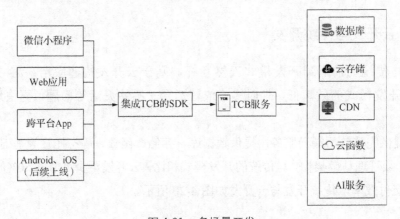

图 4-21 多场景开发

（1）微信小程序。云开发为小程序开发者提供完整的原生云端支持和微信服务支持。

（2）微信公众号/H5 应用/Web 应用。云开发为 H5 应用提供丰富的 SDK 能力，可作为公众号后台、普通 H5 应用、H5 活动页，同时也支持作为 Web 后台应用，如 Web 管理系统、Web 网站等。

（3）移动应用。云开发推出了 Flutter SDK，在 iOS、Android 等移动应用平台中集成，可以方便地使用云函数、云存储等功能。

4.7　云计算运维

云计算的出现免去了传统运维需要面对的风/火/水/电、机房/机柜、路由器/交换机、磁盘/内存条、网线水晶头等，工作的场景、内容、方法都发生了变化。"云计算时代"要求运维人员能够自动化地部署应用程序和所有支持的软件和软件包，然后按照生命周期阶段操作、维护和管理应用程序，如自动扩展事件和进行软件更新等一系列的操作。如何快速创建和复制资源模板，有序地对资源模板进行资源配置和更新；如何在云端更加轻松地部署、配置和管理应用；如何利用工具轻松地在云中快速部署和管理应用程序，同时可以自动处理容量预配置、负载均衡、弹性伸缩和应用程序状况监控，这都是对运维人员提出的新要求。

（1）监控自动化。通过监控报警将故障的平均发现时间从 1 小时缩短到 1 分钟，可以在故障发生前提前预警并采取行动，帮助运维实现无人值守监控全过程。

（2）信息分类化。由于监控项较多，当一起产生告警时，运维人员会应接不暇。需要通过将告警信息分类展示，让用户可自行选择查看某一项告警信息，减少遗漏，快速找到问题根源并处理。同样，有效的日志分类能够帮助用户及时查看自己某一项的操作记录，快速追溯问题根源，提高运维效率。

（3）管理集中化。当运维需求随着业务需求不断变化的同时，服务器也不断增多，需要对其进行统一集中化管理，并在其数量不断增加的情况下保持稳定。

（4）运维智能化。以数据为基础、算法为支撑、场景为导向，应用先进的实时大数据处理和机器学习技术，打通后台 IT 支撑系统与前台业务应用之间的信息断层和管理断层，提升业务与 IT 管理效能，实现云上运维的自动化和智能化。

4.8　实践

4.8.1　使用 OpenStack 搭建云计算管理平台

OpenStack 是一个开源的云计算管理平台项目，是一系列软件开源项目的组合，OpenStack 为私有云和公有云提供可扩展的弹性的云计算服务，本实践目标是提供实施简单，可大规模扩展，丰富、标准统一的云计算管理平台。

4-5　使用 OpenStack 搭建云计算管理平台

1. 环境配置

CentOS 7，4 核 8GB。

2. 先关闭防火墙和 SELinux 并且安装 RDO 软件

```
systemctl stop firewalld
setenforce 0
yum -y install http://rdo.fedorapeople.org/rdo-release.rpm
```

3. 安装 Packstack 工具实现一键部署 OpenStack

```
yum -y install openstack-packstack
```

4. 自动安装

注：执行这条命令需要等待一段时间。

```
packstack --allinone
```

如果看到 **** Installation completed successfully **** 这句话就说明安装成功了。

5. 查看账号和密码

```
cat keystonerc_admin
    unset OS_SERVICE_TOKEN
    export OS_USERNAME=admin                        #账号
    export OS_PASSWORD='777f2993392948bb'           #密码
    export OS_REGI/ON_NAME=RegionOne
    export OS_AUTH_URL=http://192.168.20.181:5000/v3
    export PS1='[\u@\h \W(keystone_admin)]\$ '
    export OS_PROJECT_NAME=admin
    export OS_USER_DOMAIN_NAME=Default
    export OS_PROJECT_DOMAIN_NAME=Default
    export OS_IDENTITY_API_VERSI/ON=3
```

6. 安装验证

在浏览器地址栏访问 http://192.168.20.181/dashboard，然后打开页面输入用户名和密码，打开如图 4-22 所示页面，表示安装成功，后续可以继续进行云实例管理。

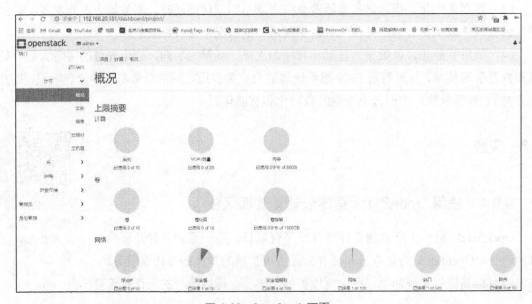

图 4-22　OpenStack 页面

4.8.2 云开发实践

如图 4-23 所示，登录腾讯云开发网站，进行实名注册认证，开通腾讯云开发，就能够使用云开发进行 Web 应用部署、移动 App 开发以及小程序开发。

图 4-23 腾讯云开发页面

习 题

一、选择题

1. 在 Ceph 的核心组件中，（ ）负责存储协议的接入，节点负载均衡。

    A．client   B．MON   C．MDS   D．OSD

2. Swift 的数据模型采用层次结构，不包括（ ）

    A．Account   B．Container   C．Object   D．Proxy Server

3. 云资源调度问题不包括（ ）。

    A．应用程序调度

    B．虚拟资源（如虚拟机）到物理资源的调度

    C．能耗感知资源调度

    D．物理资源调度和落地

4. "云时代"的运维不包括（ ）。

    A．运维智能化   B．信息分类化   C．管理集中化   D．管理手动化

5. 构建数据中心网络是为了支撑数据中心中服务器主机之间的（ ）和（ ）。

    A．东西流量   B．南北流量   C．东北流量   D．西南流量

二、填空题

1. 云安全的关键技术包括可信访问控制、_____、数据存在与可使用性证明、

_____、_____、云资源访问控制等。

2．Ceph 根据场景可分为_____、_____和_____。

3．一个 GFS 集群一般由一个_____、多个_____和多个_____组成。

4．目前云灾备服务主要有_____和_____。

5．云资源调度问题主要分为 3 层：应用程序资源调度、_____、_____。

三、简述与分析题

1．虚拟化技术分为哪几类？

2．简述分布式文件存储系统 GFS 的主要架构。

3．SDN 的概念是什么？

4．云计算的安全技术框架包含哪些内容？

5．云时代运维面临的挑战有哪些？

第 5 章　大数据技术架构

本章将主要介绍大数据处理的技术架构以及典型的开源大数据技术架构。针对 3 种不同的大数据技术架构（Hadoop、Spark、Flink），阐述各种类型大数据的特性、基本流程以及应用场景。

【本章知识结构图】

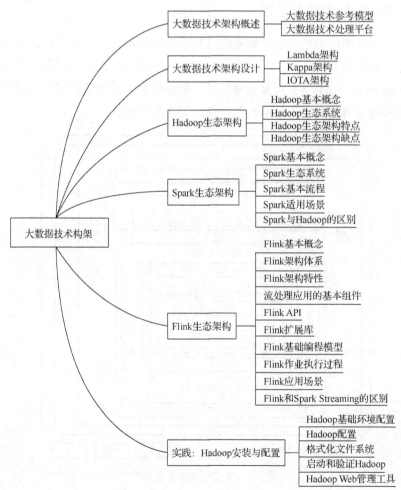

【本章学习目标】

（1）了解大数据技术参考模型。

（2）理解 Lambda、Kappa 和 IOTA 架构。

（3）熟悉 Hadoop、Spark 和 Flink 的基本概念与组成结构。

（4）掌握大数据技术架构框架。

5.1 大数据技术架构概述

5-1 大数据技术
架构概述

大数据技术是一系列技术的总称，它集合了数据采集与传输、数据存储、数据处理与分析、数据挖掘、数据可视化等技术，是一个庞大而复杂的技术体系。大数据技术架构是用于摄取和处理大数据的总体系统架构。根据业务需求，可以将大数据技术架构视为大数据解决方案的蓝图。大数据技术架构旨在实现大数据的批处理、大数据实时处理、预测分析和机器学习等，精心设计的大数据技术架构可以节省资金、预测未来发展趋势、制定良好的业务决策。

5.1.1 大数据技术参考模型

中华人民共和国国家质量监督检验检疫总局和国家标准化管理委员会联合发布《信息技术 大数据 技术参考模型》（GB / T 35589—2017），该标准提出的大数据参考架构（Big Data Reference Architecture，BDRA）由系统协调者、数据提供者、大数据应用提供者、大数据框架提供者和数据消费者五大逻辑功能构件组成，如图 5-1 所示。

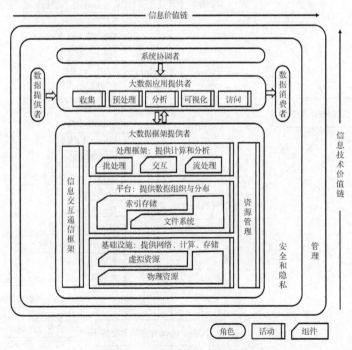

图 5-1 大数据技术参考架构

BDRA 包括信息价值链和信息技术价值链。信息价值链表现大数据作为一种数据科学方法对从数据到知识的处理过程中所实现的信息流价值；信息价值链的核心价值通过数据收集、预处理、分析、可视化和访问等活动实现。信息技术价值链表现大数据作为一种新型的数据应用范式对信息技术产生的新需求所带来的价值；信息技术价值链的核心价值通过大数据应用提供存放和运行大数据的网络、基础设施、平台、应用工具以及其他信息技术服务实现。

BDRA 按照逻辑构件分为 3 层，从高到低分别为角色、活动和组件。最顶层级的逻辑构件是代表大数据技术架构的 5 个角色：系统协调者、数据提供者、大数据应用提供者、大数据框架提供者、数据消费者。安全和隐私及管理为大数据技术架构的 5 个角色提供服务和功能。第 2 层的逻辑构件是每个角色执行的活动。第 3 层的逻辑构件是执行每个活动需要的功能组件。

5.1.2　大数据技术处理平台

大数据技术处理平台是利用大数据技术，完成从数据采集与传输、数据存储、数据处理与分析、数据挖掘到数据可视化等的数据处理平台，如图 5-2 所示。根据大数据从来源到应用以及大数据的传输流程，可以将大数据技术处理平台分为数据采集层、数据存储层、数据处理层、数据应用层、数据治理层和数据运维层，其中数据运维层和数据治理层贯穿大数据处理的各个层次。

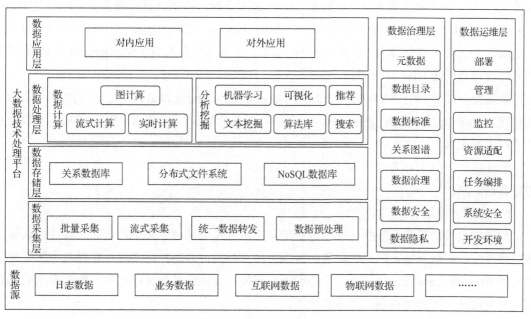

图 5-2　大数据技术处理平台

1. 数据源

数据生产过程中主要有四大数据源：日志数据、业务数据、互联网数据和物联网数据。日志数据由企业提供给用户产品，用户与产品互动后产生，通过 Flume 进行收集后上传到 HDFS 中进行离线处理，同时数据上传至 Kafka 消息队列中进行缓冲以及实时处理。业务数据包括企业自身产生的业务数据，比如用户数据、订单数据等，同时也包括第三方的企业提供的关系数据，通过 Sqoop 导入导出至 HDFS 或关系数据库中。互联网数据主要是使用爬虫在互联网网页、平台上提供的 API 爬取的数据，包括结构化、半结构化、非结构化数据，然后通过 ETL（Extract Transformation Load，抽取、转换、加载）数据清洗后保存为本地数据。物联网数据是指通过物联网产生的实时数据。

2．数据采集层

数据采集使用的组件主要有 Flume、Sqoop、Kafka 这 3 个工具，Flume 主要用于日志数据采集，Sqoop 主要用于与关系数据库进行数据的导入、导出，Kafka 消息队列主要用于实时数据的采集。数据采集后通过 MapReduce、Hive 对数据进行预处理，包括数据清洗、数据拼接、数据格式处理等，并将数据存储在 HDFS 及关系数据库当中。

3．数据存储层

数据存储主要包括 HDFS、NoSQL、数据仓库 3 种存储方式，其中 NoSQL 和数据仓库都是在 HDFS 的基础上建立的。NoSQL 的列族数据库 HBase 按照文件列式存储数据；数据仓库按照多维数组形成的多个表存储数据；HDFS 按照文件的方式存储数据。

4．数据处理层

数据计算处理框架主要包括 MapReduce（批处理）、Spark（实时流处理）、Storm（实时流处理）。MapReduce 处理离线批量数据；Storm 处理实时流数据；Spark 数据处理组件是 Hive、Spark SQL。Hive 接收用户输入的类 SQL（Structure Query Language，结构查询语言）语句，对 HDFS 上的数据进行查询、运算，并返回结果，或将结果存入 HDFS。Spark SQL 兼容 Hive 的同时处理效率比 Hive 高出多倍。

数据挖掘的工具有 Mahout、MLlib（Machine Learning Library，机器学习库）。Mahout 是构建在 Hadoop 上的数据挖掘工具，包含多个算法模型库。MLlib 是构建在 Spark 上的分布式数据挖掘工具。

数据统计分析主要通过类 SQL 语句进行查询、计算、汇总来实现，比如通过 MapReduce 进行数据汇总。

5．数据应用层

数据的最终价值是把数据处理和分析结果应用到某个领域、某个产业并对其进行赋能，如降本增效、风险预警、产品优化等，数据应用主要通过数据产品实现，包括但不限于企业自身的 BI（Business Intelligence，商务智能）系统、商业性的数据产品等。数据产品的构成包括报表设计、可视化视图、数据监控等。

6．数据治理层

国际数据治理研究所（International Data Governance Institute，IDGI）定义：数据治理是一个通过一系列信息相关的过程来实现决策权和职责分工的系统，这些过程按照已达成共识的模型来执行，该模型描述了谁（Who）能根据什么信息，在什么时间（When）和什么情况（Where）下，用什么方法（How），采取什么行动（What）。数据治理的最终目标是提升数据的价值，是企业实现数字战略的基础，它是一个管理体系，包括组织、制度、流程、工具等。

7．数据运维层

数据运维层提供针对用户数据库开展的软件安装、配置优化、备份策略选择及实施、数据恢复、数据迁移、故障排除、预防性巡检等一系列服务。

5.2　大数据技术架构设计

随着 21 世纪初"互联网时代"的高速发展，数据量暴增，大数据时代到来。在企业信息化的过程中，随着信息化工具的升级和新工具的应用，数据量变得越来越大，数据格式越来越多，决策要求越来越苛刻，数据处理能力和处理需求不断变化，批处理模式无论怎样提升性能，也无法满足一些实时性要求高的处理场景，流式计算引擎应运而生，如 Storm、Spark Streaming、Flink 等。随着越来越多的应用上线，批处理和流计算配合使用可满足大部分应用需求。对用户而言，他们并不关心底层的计算模型是什么，用户希望无论是批处理还是流计算，都能基于统一的数据模型来返回处理结果，于是 Lambda 架构应运而生。

5-2　大数据技术架构设计

5.2.1　Lambda 架构

为了解决大数据处理技术的可伸缩性与复杂性，南森·马茨（Nathan Marz）根据多年从事分布式大数据系统的经验总结，提出了一个实时大数据处理架构——Lambda 架构。根据维基百科定义，Lambda 架构的设计是为了在处理大规模数据时发挥流处理和批处理的优势。通过批处理提供全面、准确的数据，通过流处理提供低延迟的数据，从而达到平衡延迟、吞吐量和容错性的目的。Lambda 架构整合离线计算和实时计算，融合不可变性、读写分离和复杂性隔离等一系列架构原则，可集成 Hadoop、Kafka、Storm、Spark、HBase 等大数据组件。

Lambda 架构处理数据流程如图 5-3 所示。数据通过不同的数据源产生，并存储成多种数据格式。Kafka、Flume 等大数据组件收集、聚合和传输数据。大数据处理平台把数据进行流式数据计算和批量数据计算，流式计算（如 Storm、Flink、Spark Streaming）对数据进行实时计算处理，批量数据计算（如 MapReduce、Hive、Spark SQL）对数据进行离线计算处理。利用计算处理结果数据，大数据处理平台为应用人员提供便捷的服务查询。

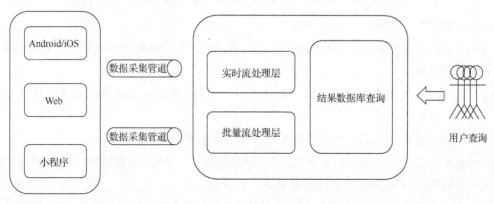

图 5-3　Lambda 架构处理数据流程

虽然 Lambda 架构使用起来已经十分灵活，而且能适用于不少应用场景，但在实际应用的时候，Lambda 架构的维护很复杂。使用 Lambda 架构时，工程师必须维护两个复杂的分布式系统，而且需要保证它们的逻辑产生输出到同一服务层中。

Lambda 架构历经多年的发展，其优点是稳定，对于实时计算部分的计算成本可控，批量处理可以在服务器空闲时实现整体批量计算，把实时计算和离线计算高峰分开。这种架构支撑了数据行业的早期发展，但是它也有一些致命的缺点，并在"大数据 3.0 时代"越来越不适应数据分析业务的需求，其具体缺点表现如下。

（1）实时计算与批量计算结果不一致引起的数据口径问题。

（2）批量计算在计算窗口内无法完成。

（3）数据源变化时需要重新开发，开发周期长。

（4）服务器存储空间要求高。

5.2.2　Kappa 架构

为了能够既进行实时数据处理，同时也有能力在业务逻辑更新的状况下重新处理之前处理过的历史数据，杰伊·克雷普斯（Jay Kreps）提出了 Kappa 架构。Kappa 架构的核心思想是通过改进流计算系统来解决数据全量处理的问题，使得实时计算和批处理过程使用同一套代码。

Kappa 架构处理数据流程如图 5-4 所示。

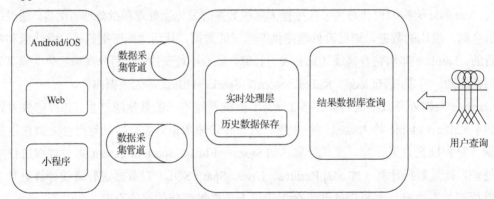

图 5-4　Kappa 架构处理数据流程

Kappa 架构特性如下。

（1）用 Kafka 或类似 MQ（Message Queue，消息队列）的队列系统收集各种各样的数据，可以灵活保存数据。

（2）当需要全量重新计算实例时，重启实例，从头开始读取数据进行处理，并输出到一个新的结果存储列表中。

（3）当新的实例做完后，停止旧的流计算实例并删除结果。

Kappa 架构的优点在于其将实时代码和离线代码统一起来，方便维护，而且解决了数据口径统一的问题。但 Kappa 的缺点也很明显，具体如下。

（1）流式处理对于历史数据的高吞吐量力不从心。所有的数据都通过流式计算，即便通过加大并发实例数亦很难适应 IoT（Internet of Things，物联网）时代对数据查询响应的即时性要求。

（2）开发周期长。在 Kappa 架构下，由于采集的数据格式不统一，每次都需要开发不同的 Streaming 程序，导致开发周期长。

（3）服务器成本浪费。Kappa 架构依赖于外部高性能存储 Redis、HBase 服务，但这两种系统组件并非是设计来满足全量数据存储设计要求的，因此服务器成本严重浪费。

5.2.3　IOTA 架构

随着云计算、大数据、物联网、5G、人工智能等技术的不断发展，智能手机、PC、智能硬件设备等的计算能力越来越强，而业务对数据实时响应能力的需求也越来越强烈，过去传统的中心化、非实时化数据处理技术已经不适应现在的大数据分析需求，新一代的大数据IOTA（Internet Of Things Architecture and AI，基于物联网架构和人工智能）架构呼之欲出。

IOTA 架构是基于 IoT 和 AI 时代背景下的大数据架构模式，其处理数据流程如图 5-5 所示。其核心思想是设定标准数据模型，通过边缘计算技术把所有的计算过程分散在数据产生、计算和查询过程当中，以统一的数据模型贯穿始终，从而提高整体的计算效率，同时为了满足计算的需求，可以使用各种即席查询（Ad-hoc Query）来查询底层数据。

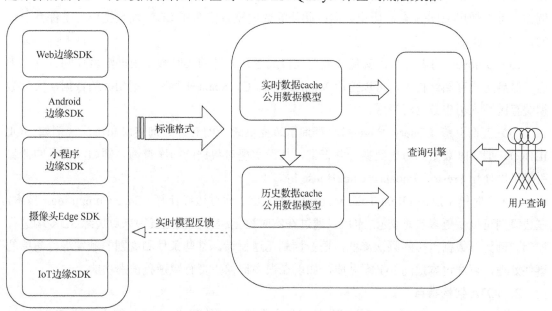

图 5-5　IOTA 架构处理数据流程

1．IOTA 整体技术结构

（1）公用数据模型（Common Data Model，CDM）。CDM 始终贯穿整个业务，是整个业务的核心，保障 SDK、Cache、历史数据、查询引擎保持一致。对于用户数据分析可以定义为"主-谓-宾"或者"对象-事件"这样的抽象模型来满足各种各样的查询需求。以大家熟悉的 App 用户模型为例，用"主-谓-宾"模型描述就是"X 用户-事件 1-A 页面（2018/4/11 20:00）"。根据业务需求的不同，也可以使用"产品-事件""地点-时间"模型等。模型本身也可以根据协议来实现 SDK 端定义、中央存储的方式；从 SDK 到存储再到处理是一个 CDM。

（2）边缘 SDK 和边缘服务器（Edge SDK and Edge Server）。数据的采集端，不仅仅是简单的 SDK，在复杂的计算情况下，会赋予 SDK 更复杂的计算，在设备端就转化为 CDM 来进行传送。例如对于智能 Wi-Fi 采集的数据，在 AC（Access Controller，接入控制器）端就变为"X 用户的 MAC 地址-出现-A 楼层（2018/4/11 18:00）"的主-谓-宾结构，对于摄像头会通过边缘服务器，转化成为"X 的 Face 特征-进入-A 火车站（2018/4/11 20:00）"。也可以是简单的 App 或者页面级别的"X 用户-事件 1-A 页面（2018/4/11 20:00）"，对于 App 和 H5 页面，不要求计算工作量，只要求埋点格式。

（3）实时数据（Real-Time Data）缓存区。实时数据缓存区为了达到实时计算的目的而存在，海量数据接收不可能海量、实时进入历史数据库，那样会出现建立索引延迟、历史数据碎片文件等问题。因此，由实时数据缓存区来存储最近几分钟或者几秒的数据，可以使用 Kudu 或者 HBase 等组件来实现，这部分数据可通过 Dumper 合并到历史数据中。此处的数据模型和 SDK 端数据模型是保持一致的，都是 CDM，如"主-谓-宾"模型。

（4）历史数据（Historical Data）沉浸区。历史数据沉浸区保存了大量的历史数据。其可自动建立相关索引来提高整体历史数据查询效率，从而实现秒级复杂查询百亿条数据的反馈。例如，可以使用 HDFS 存储历史数据，此处的数据模型依然和 SDK 端数据模型是保持一致的，都为 CDM。

（5）Dumper 的主要工作就是把最近几秒或者几分钟的实时数据根据汇聚规则、建立索引存储到历史存储结构中，可以使用 MapReduce、C、Scala 来撰写，把相关的数据从实时数据缓存区写入历史数据沉浸区。

（6）查询引擎（Query Engine）。查询引擎提供统一的对外查询接口和协议（例如 SQL JDBC），把实时数据和历史数据合并查询，从而实现对数据的即席查询。例如，常见的计算引擎可以使用 Presto、Impala、ClickHouse 等。

（7）实时模型反馈（Real-Time Model Feedback）。通过边缘计算（Edge Computing）技术，在边缘端可以做更多实时交互，也可以通过在实时数据缓存区设定规则来对边缘 SDK 端进行控制。例如，数据上传的频次降低，语音控制迅速反馈，某些条件和规则的触发等。简单的事件处理，可通过本地的 IoT 端完成，如现在很多摄像头带有嫌疑犯识别功能。

2. IOTA 架构特点

（1）去 ETL 化。ETL 及相关开发一直是大数据处理的痛点，IOTA 架构通过 CDM 的设计，专注某一具体领域的数据计算，从 SDK 端开始计算，中央端只做采集、建立索引和查询，以提高整体数据分析的效率。

（2）即席查询。根据整体计算流程，在手机端、智能 IoT 事件发生时，直接将数据传送到云端进入实时数据缓存区，被前端查询引擎查询。此时用户可以使用各种各样的查询方式来直接查到前几秒发生的事件，而不用再等待 ETL 或者 Streaming 的数据研发和处理。

（3）边缘计算。将计算分散到数据产生、存储和查询端，数据产生既符合 CDM 的要求，同时也传输给实时模型反馈，让客户端传送数据的同时马上进行反馈，而不需要所有事件都要到中央端处理之后再进行下发。

在"大数据 3.0 时代", Lambda 架构已经无法满足企业、用户日常大数据分析和精益运营的需求, 而 IOTA 架构则为未来技术的发展奠定了坚实的基础。

5.3 Hadoop 生态架构

5-3 Hadoop 生态架构

大数据时代的到来, 使 Hadoop 生态群及衍生技术开始慢慢地走向"舞台", Hadoop 是以 HDFS 为核心存储, 以 MapReduce 为基本计算模型的批量数据处理基础设施, 其围绕 HDFS 和 MapReduce, 产生了一系列组件, 以不断完善整个大数据平台的数据处理能力, 如面向 KV (Key-Value, 键值) 操作的 HBase、面向 SQL 分析的 Hive、面向工作流的 Pig 等。以 Hadoop 为核心的数据存储及数据处理技术逐渐成为数据处理的"中流砥柱"。

5.3.1 Hadoop 基本概念

Hadoop 是一个由 Apache 软件基金会开发的大数据分布式系统基础架构。用户可以在不了解分布式底层细节的情况下, 轻松地在 Hadoop 上开发和运行处理大规模数据的分布式程序, 充分利用集群的"威力"来实现高速运算和存储。Hadoop 是可扩展的, 它可以方便地从单一服务器扩展到数千台服务器, 每台服务器进行本地计算和存储。低成本、高可靠、高扩展、高有效、高容错等特性使 Hadoop 成为最流行的大数据分析系统之一。

5.3.2 Hadoop 生态系统

Hadoop 生态系统如图 5-6 所示, 主要由 HDFS、MapReduce、HBase、ZooKeeper、Pig、Hive 等核心组件构成, 另外还包括 Sqoop、Flume 等框架, 用来与企业其他系统融合。同时, Hadoop 生态系统还在不断完善, 新增了 Mahout、Ambari 等内容, 以提供更新功能。

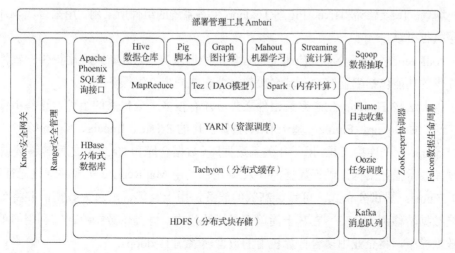

图 5-6 Hadoop 生态系统

1．Hadoop 基本模块

（1）Hadoop 基础功能库：支持其他 Hadoop 模块的通用程序包。

（2）HDFS：一个分布式文件系统，能够以高吞吐量访问应用中的数据。

（3）YARN（Yet Another Resource Negotiator，另一种资源协调者）：一个作业调度和资源管理框架。

（4）MapReduce：一个基于 YARN 的大数据并行处理程序。

2．Hadoop 生态系统官方组件

（1）Ambari：基于 Web，用于配置、管理和监控 Hadoop 集群，支持 HDFS、MapReduce、Hive、HCatalog、HBase、ZooKeeper、Oozie、Pig 和 Sqoop。Ambari 还提供显示集群健康状况的仪表盘，如热点图等。Ambari 能够以图形化的方式查看 MapReduce、Pig 和 Hive 应用程序的运行情况，因此可以通过对用户友好的方式诊断应用的性能问题。

（2）HBase：可扩展的分布式数据库，支持大表的结构化数据存储。HBase 是一个建立在 HDFS 之上的、面向列的 NoSQL 数据库，可用于快速读/写大量数据。

（3）Hive：建立在 Hadoop 上的数据仓库基础构架。它提供了一系列可以用来进行数据 ETL 的工具，是一种可以存储、查询和分析存储在 Hadoop 中的大规模数据的机制。Hive 定义了简单的类 SQL（称为 HQL），允许不熟悉 MapReduce 的开发人员也能编写数据查询语句，这些语句可被翻译为 Hadoop 上面的 MapReduce 任务。

（4）Mahout：可扩展的机器学习和数据挖掘库。它提供的 MapReduce 包含很多实现方法，如聚类算法、回归测试、统计建模等。

（5）Pig：支持并行计算的高级数据流语言和执行框架。它是 MapReduce 编程复杂性的抽象。Pig 平台包括运行环境和用于分析 Hadoop 数据集的脚本语言（Pig Latin）。其编译器可将 Pig Latin 翻译成 MapReduce 程序序列。

（6）Tez：完整的数据流编程框架，基于 YARN 建立，提供强大而灵活的引擎，可执行任意有向无环图（Directed Acyclic Graph，DAG）数据处理任务，既支持批处理又支持交互式的用户场景。Tez 已经被 Hive、Pig 等 Hadoop 生态系统的组件所采用，用来替代 MapReduce 作为底层执行引擎。

（7）ZooKeeper：用于分布式应用的高性能的协调服务，为分布式应用提供一致性服务的软件，提供的功能包括配置维护、域名服务、分布式同步、组服务等。

除了以上这些 Hadoop 生态系统组件之外，还有很多十分优秀的组件，这些组件的应用也非常广泛，如 Sqoop、Flume、基于 Hive 查询优化的 Presto、Impala、Kylin 等。

（1）Sqoop：一个连接工具，用于在关系数据库、数据仓库和 Hadoop 之间转移数据。Sqoop 利用数据库技术描述架构，进行数据的导入/导出；利用 MapReduce 实现并行化运行和容错。

（2）Flume：提供分布式、可靠、高效的服务，用于收集、汇总大数据，并将单台计算机的大量数据转移到 HDFS。它基于简单而灵活的架构，并提供数据流。它利用简单的、可扩展的数据模型，将企业中多台计算机上的数据转移到 Hadoop。

5.3.3　Hadoop 生态架构特点

（1）具有扩容能力。Hadoop 生态系统基本采用 HDFS 作为存储组件，吞吐量高、稳定可靠，能够存储和处理 PB 级的数据。

（2）成本低。可以利用廉价、通用的计算机组成的服务器群来分发、处理数据。这些服务器群节点总计可达数千个。

（3）高效率。通过分发数据，Hadoop 可以在数据所在节点上进行并行处理，处理速度非常快。

（4）可靠性。Hadoop 能自动维护数据的多份备份，并且在任务失败后能自动重新部署计算任务。

5.3.4　Hadoop 生态架构缺点

（1）因为 Hadoop 采用文件存储系统，所以读写时效性较差，至今没有一款既支持快速更新又支持高效查询的组件。

（2）Hadoop 生态系统日趋复杂，组件之间的兼容性差，安装和维护比较困难。

（3）Hadoop 的各个组件功能相对单一。

（4）云生态对 Hadoop 的冲击十分明显，云厂商定制化组件导致版本分歧进一步扩大，无法形成合力。

（5）整体生态基于 Java 开发，容错性较差，可用性不高。

5.4　Spark 生态架构

5-4　Spark 生态架构

Spark 是一个围绕速度、易用性和复杂分析构建的大数据处理框架，最初于 2009 年由加州大学伯克利分校的 AMP Lab 开发，并于 2010 年成为 Apache 的开源项目之一。Spark 提供了一个全面、统一的框架，用于管理各种有着不同性质的数据集（文本数据、图表数据等）和数据源（批量数据或实时的流数据）对大数据处理的需求。

5.4.1　Spark 基本概念

Spark 是基于内存计算的大数据并行计算框架，可用于构建大型的、低延迟的数据分析应用程序。Spark 最初的设计目标是使数据分析更快——不仅程序运行速度要快，程序编写也要快速、容易。它可以将 Hadoop 集群中的应用在内存中的运行速度提升 100 倍，甚至能够将应用在磁盘上的运行速度提升 10 倍。为了使程序运行更快，Spark 提供了内存计算，减少了迭代计算时的 I/O 开销；而为了使程序编写更容易，Spark 使用简练、优雅的 Scala 编写，基于 Scala 提供交互式的编程体系。

5.4.2　Spark 生态系统

Spark 生态系统主要包含 Spark Core、Spark SQL、Spark Streaming、Structured Streaming、MLlib 和 GraphX 等组件，如图 5-7 所示。

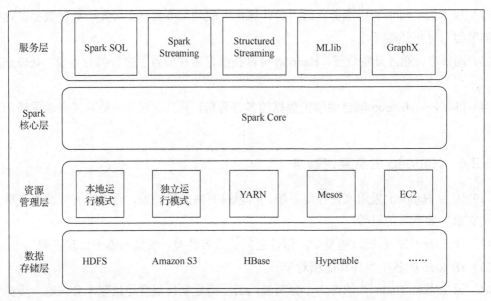

图 5-7　Spark 生态系统

1. Spark 组件功能

（1）Spark Core 包含 Spark 的基本功能，如内存计算、任务调度、部署模式、故障恢复、存储管理等，主要面向批量数据处理。Spark Core 建立在统一的抽象弹性分布式数据集（Resilient Distributed Dataset，RDD）之上，使其可以以基本一致的方式应对不同的大数据处理场景。

（2）Spark SQL 允许开发人员直接处理 RDD，同时也可查询 Hive、HBase 等外部数据源。Spark SQL 的一个重要特点是其能够统一处理关系表和 RDD，使得开发人员不需要自己编写 Spark 应用程序。

（3）Spark Streaming 支持高吞吐量、可容错处理的实时流数据处理，将流数据分解成一系列短小的批处理作业，每个短小的批处理作业都可以使用 Spark Core 进行快速处理。

（4）Structured Streaming 是一种基于 Spark SQL 引擎构建的、可扩展且容错的流处理引擎。通过一致的 API，Structured Streaming 使得使用者可以像编写批处理程序一样编写流处理程序，降低了使用者的使用难度。

（5）MLlib 提供常用机器学习算法的实现，包括聚类、分类、回归、协同过滤等，降低了机器学习的门槛，开发人员只要具备一定的理论知识就能进行机器学习工作。

（6）GraphX 是 Spark 中用于图计算的 API，可认为是 Pregel 在 Spark 上的重写及优化。GraphX 性能良好，拥有丰富的功能和运算符，能在海量数据上自如地运行复杂的图算法。

2．Spark 主要特点

（1）运行速度快。Spark 使用先进的 DAG 执行引擎，以支持循环数据流与内存计算，基于内存的执行速度可比 Hadoop MapReduce 快上百倍，基于磁盘的执行速度也能快 10 倍左右。

（2）容易使用。Spark 支持使用 Scala、Java、Python 和 R 语言进行编程，简洁的 API 设计有助于用户轻松构建并行程序，并且可以通过 Spark Shell 进行交互式编程。

（3）通用性。Spark 提供完整而强大的技术栈，包括 SQL 查询、流式计算、机器学习和图算法等组件，这些组件可以无缝整合在同一个应用中，足以应对复杂的计算。

（4）运行模式多样。Spark 可运行于独立的集群模式中，或者运行于 Hadoop 中，也可运行于 Amazon EC2 等环境中，并且可以访问 HDFS、Cassandra、HBase、Hive 等多种数据源。

5.4.3　Spark 基本流程

Spark 的运行流程如图 5-8 所示。

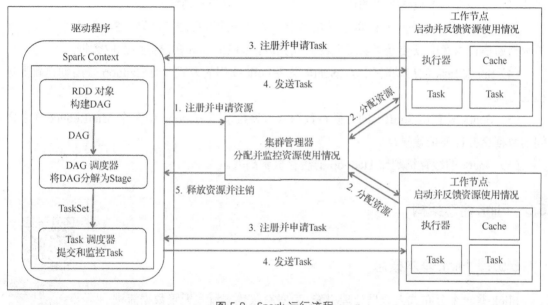

图 5-8　Spark 运行流程

（1）采用 Spark Context 创建驱动程序，Spark Context 向集群管理器（可以是 Standalone、Mesos 或 YARN）注册并申请运行执行器资源。

（2）集群管理器分配执行器资源并启动 Standalone Executor Backend，执行器运行情况将随着心跳发送到资源管理器上。

（3）Spark Context 通过 RDD 对象构建 DAG，DAG 调度器将 DAG 分解成 Stage，并把 TaskSet 发送给 Task 调度器。执行器向 Spark Context 注册并申请 Task。

（4）Task 调度器将 Task 发送给执行器运行，同时 Spark Context 将应用程序代码发送给执行器。

（5）Task 在执行器上运行，运行完毕后释放所有资源。

5.4.4　Spark 适用场景

（1）需要快速处理大数据的场景。Spark 通过内存计算能力可以极大地提高大数据处理速度。

（2）需要多次操作特定数据集的场景。

（3）数据量不大，但要求实时统计分析需求的场景。

（4）基于大数据的 SQL 查询、流式计算、图计算、机器学习的场景。

（5）支持 Java、Scala、Python、R 语言的场景。

5.4.5　Spark 与 Hadoop 的区别

（1）Spark 基于内存，Hadoop 基于磁盘。

（2）Hadoop 常用于解决高吞吐、批量处理、离线计算结果的业务场景；Spark 常用于迭代计算、多并行、多数据复用的场景（如机器学习、数据挖掘等）。

（3）Spark 和 Hadoop 的根本差异是多个作业之间的数据通信问题，Spark 多个作业之间的数据通信在内存中以接近"实时"的时间完成，而 Hadoop 在磁盘中读取数据。

（4）Spark Task 的启动时间短。Spark 采用 Fork 线程的方式，而 Hadoop 采用创建新的进程的方式。

（5）Spark 只有在 Shuffle 的时候将数据写入磁盘，而 Hadoop 中多个 MapReduce 作业之间的数据交互都要依赖磁盘。

（6）Spark 的缓存机制比 Hadoop 的缓存机制高效。

5.5　Flink 生态架构

5.5.1　Flink 基本概念

Flink 是一个分布式大数据处理引擎，可对有限数据流和无限数据流进行有状态或无状态的计算，能够被部署在各种集群环境，对各种规模大小的数据进行快速计算。Flink 的设计架构如图 5-9 所示。

5-5　Flink 生态架构

图 5-9　Flink 的设计架构

5.5.2 Flink 架构体系

Flink 是一个分层的架构系统，降低了系统的耦合度，每一层所包含的组件都提供了特定的抽象，用来服务上层组件，为上层用户构建 Flink 应用提供了丰富且友好的接口。Flink 架构如图 5-10 所示，Flink 分为 4 层，分别是部署（Deploy）层、核心（Core）层、API 层、Libraries 层，其中部署层主要涉及的是 Flink 的部署模式及同资源调度组件的交互模式，核心层提供支持 Flink 计算的全部核心实现，API 层和 Libraries 层提供 Flink 的 API 和基于 API 的特定应用的实时计算框架。

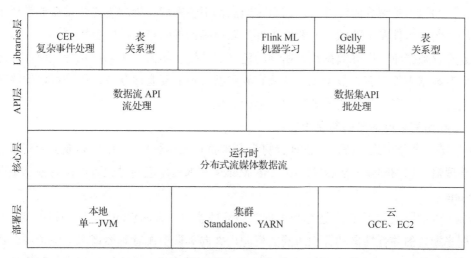

图 5-10 Flink 架构

1. 部署层

部署层主要涉及 Flink 的部署模式，Flink 支持本地、集群（Standalone、YARN）、云（GCE、EC2）、Kubernetes（以下简称 K8s）等多种部署模式。

2. 核心层

核心层提供支持 Flink 计算的全部核心实现，如支持分布式流处理、Job Graph 到 Execution Graph 的映射、调度等，为 API 层提供基础服务。

3. API 层

API 层主要实现面向无界流的流处理 API 和面向批次的批处理 API，其中面向流处理对应数据流 API，面向批处理对应数据集 API。

4. Libraries 层

该层作为 Flink 应用框架层，面向流处理和面向批处理在 API 层之上构建满足特定应用的实时计算框架。面向流处理支持 CEP（Complex Event Processing，复杂事件处理）、SQL Like 的操作（基于表的关系操作）；面向批处理支持 Flink ML（机器学习）、Gelly（图处理）等。Flink 生态系统包含实时计算、离线计算、机器学习、图计算、表和 SQL 计算等。

5.5.3 Flink 架构特性

1. 可处理无界和有界数据流

在 Spark 的世界观中，一切都是由批次组成的，离线数据是一个大批次，而实时数据是由一个一个无限的小批次组成的。而在 Flink 的世界观中，一切都是由流组成的，离线数据是有界限的流，实时数据是没有界限的流，这就是所谓的有界数据流和无界数据流。

（1）无界数据流。无界数据流有开始但是没有结束，它们不会在生成时终止并提供数据，必须连续处理无界数据流，即在获取后立即处理。对于无界数据流，我们无法等待所有数据都到达，因为输入是无界的，并且在任何时间点都不会完成。处理无界数据流通常要求以特定的顺序（例如事件发生的顺序）获取事件，以便确保推断结果的完整性。

（2）有界数据流。有界数据流有明确的定义的开始和结束，可以在执行任何计算之前通过获取所有数据来处理有界数据流。处理有界数据流不需要有序获取，因为可以始终对有界数据流进行排序，有界数据流的处理也称为批处理。

2. 可在所有常见的集群环境中运行

Flink 是一个分布式系统，它需要计算资源来执行应用程序。Flink 集成了所有常见的集群资源管理器，如 Hadoop YARN、Apache Mesos 和 K8s，但同时也可以作为独立集群运行（Standalone）。

Flink 能够很好地工作在上述每个集群资源管理器中。部署 Flink 应用程序时，Flink 会根据应用程序配置的并行性自动标识所需的资源，并向集群资源管理器请求这些资源。在发生故障的情况下，Flink 通过请求新资源来替换发生故障的容器。提交或控制应用程序的所有通信都是通过 REST 调用进行的，简化了 Flink 与各种环境中集成。

3. 可运行任意规模应用

Flink 旨在任意规模上运行有状态流式应用。应用程序可能被并行化为数千个任务，这些任务分布在集群中并发执行。在资源充足的前提下，应用程序能够充分利用集群中的 CPU、内存、磁盘和网络 I/O。Flink 很容易维护规模非常大的应用程序状态，其异步和增量的检查点算法对处理延迟产生的影响非常小。同时提供一个 Exactly Once 的一致性语义，保证了数据的正确性，使 Flink 应用程序可以运行在数千个内核上，每天处理数万亿次事件，维护多个 TB 级数据状态。

4. 利用内存性能

有状态的 Flink 程序针对本地状态访问进行了优化。任务的状态始终保留在内存中，如果状态规模大小超过可用内存，则会保存在能高效访问的磁盘数据结构中。任务通过访问本地（通常在内存中）状态来进行计算，从而产生非常短的处理延迟。Flink 通过定期和异步地对本地状态进行持久化存储来保证在故障场景下精确一次语义的状态一致性。

5.5.4 流处理应用的基本组件

由流处理框架构建和执行的应用程序类型是由数据流、状态、时间的支持程度来决定的。

1．数据流

（数据）流是流处理的基本要素，Flink 是一个能够处理任何类型数据流的强大的处理框架。Flink 在无界数据流的处理上拥有诸多功能强大的特性，同时也针对有界数据流开发了专用的高效算子。Flink 的应用能够同时支持处理实时数据流以及历史记录数据流。

2．状态

Flink 提供了许多与状态管理相关的特性以支持应用状态。

（1）多种状态基础类型。Flink 为多种不同的数据结构提供了相对应的状态基础类型，如原子值（Value）、列表（List）以及映射（Map）。开发者可以基于处理函数对状态的访问方式，选择高效、合适的状态基础类型。

（2）插件化的 State Backend。State Backend 负责管理应用程序状态，并在需要的时候进行 Checkpoint。Flink 支持多种 State Backend，可以将状态存在内存或者 RocksDB 中。RocksDB 是一种高效的嵌入式、持久化键值存储引擎。Flink 也支持插件式的自定义 State Backend 进行状态存储。

（3）精确一次语义。Flink 的 Checkpoint 和故障恢复算法保证了故障发生后应用状态的一致性。因此，Flink 对应用程序透明，能够在应用程序发生故障时不造成对正确性的影响。

（4）超大数据量状态。Flink 能够利用其异步以及增量式的 Checkpoint 算法，存储 TB 级的应用状态。

（5）可弹性伸缩的应用。Flink 能够通过在更多或更少的工作节点上对状态进行重新分布，支持有状态应用的分布式的横向伸缩。

3．时间

时间是流处理应用的另一个重要组成部分。Flink 提供了丰富的时间语义支持。

（1）事件时间模式。使用事件时间语义的流处理应用能根据事件本身自带的时间戳进行结果的计算。因此，无论处理的是历史记录的事件还是实时的事件，事件时间模式的处理总能保证结果的准确性和一致性。

（2）Watermark 支持。Flink 引入了 Watermark 的概念，用以衡量事件时间进展。Watermark 是一种平衡处理延时和完整性的灵活机制。

（3）迟到数据处理。当以带有 Watermark 的事件时间模式处理数据流时，在计算完成之后仍会有相关数据到达。这样的数据被称为迟到数据。Flink 提供了多种处理迟到数据的选项，如将这些数据重定向到旁路输出（Side Output）或者更新之前完成计算的结果。

（4）处理时间模式。除了事件时间模式，Flink 还支持处理时间语义。处理时间模式能根据处理引擎的计算机时钟触发计算，一般适用于有着严格的低延迟需求，并且能够容忍近似结果的流处理应用。

5.5.5 Flink API

Flink 根据抽象程度分层，提供了 3 种不同的 API，如图 5-11 所示。每一种 API 在简洁性和表达力上有着不同的侧重，并且针对不同的应用场景。

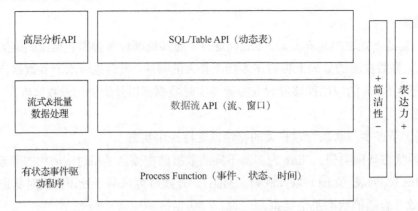

图 5-11　Flink 提供的 API

1．Process Function

Process Function 是 Flink 所提供的最具表达力的接口之一，其可以处理一或两条输入数据流中的单个事件或者归入一个特定窗口内的多个事件。它提供了对于时间和状态的细粒度控制。开发者可以在其中任意地修改状态，也能够注册定时器用以在未来的某一时刻触发回调函数。因此，可以利用 Process Function 实现许多有状态的事件驱动应用所需要的基于单个事件的复杂业务逻辑。

2．数据流 API

数据流 API 为许多通用的流处理操作提供了处理原语，这些操作包括窗口、逐条记录的转换操作，在处理事件时进行外部数据库查询等。数据流 API 支持 Java 和 Scala 语言，预先定义了例如 map()、reduce()、aggregate() 等函数。可以通过扩展实现预定义接口或使用 Java、Scala 的 Lambda 表达式实现自定义的函数。

3．Table API 和 SQL API

Table API 和 SQL API 这两种关系型 API 都是批处理和流处理统一的 API，这意味着在无边界的实时数据流和有边界的历史记录数据流上，关系型 API 会以相同的语义执行查询，并产生相同的结果。Table API 和 SQL API 借助了 Apache Calcite 来进行查询的解析、校验以及优化。它们可以与数据流 API 和数据集 API 无缝集成，并支持用户自定义的标量函数、聚合函数以及表值函数。Flink 的关系型 API 旨在简化数据分析、数据流水线和 ETL 应用的定义。

5.5.6　Flink 扩展库

Flink 具有很多适用于常见数据处理应用场景的扩展库。这些库通常被嵌在 API 中，且并不完全独立于其他 API。它们也因此受益于 API 的所有特性，并与其他库集成。

1．CEP 库

模式检测是事件流处理中的一个非常常见的用例。Flink 的 CEP 库提供了 API，使用户能够以例如正则表达式或状态机的方式指定事件模式。CEP 库与 Flink 的数据流 API 集成，以便在数据流上评估模式。CEP 库的应用包括网络入侵检测、业务流程监控和欺诈检测。

2．数据集 API

数据集 API 是 Flink 用于批处理应用程序的核心 API，它所提供的基础算子包括 Map、Reduce、（Outer）Join、Co-Group、Iterate 等。所有算子都有相应的算法和数据结构支持，对内存中的序列化数据进行操作。如果数据大小超过预留内存，则过量数据将被存储到磁盘。Flink 的数据集 API 的数据处理算法的实现借鉴了传统数据库算法，如混合散列连接（Hybrid Hash-Join）和外部归并排序（External Merge-Sort）。

3．Gelly

Gelly 是一个可扩展的图形处理和分析库。它是在数据集 API 之上实现的，并与数据集 API 集成。因此，它能够受益于其可扩展且健壮的操作符。Gelly 提供了内置算法，如 Label Propagation、Triangle Enumeration 和 Page Rank 算法，也提供了一个简化自定义图算法实现的 Graph API。

5.5.7　Flink 基础编程模型

Flink 的基础编程模型如图 5-12 所示。Data Source 为数据源，负责接收数据；Transformation 为算子，负责对数据进行处理；Data Sink 为输出组件，负责把计算好的数据输出到其他存储介质中。Source 代表数据的输入端，经过 Transformation 进行转换，然后在一个或者多个 Sink 接收器中结束。其中数据流（Stream）就是一组永远不会停止的数据记录流，而转换（Transformation）是将一个或多个流作为输入，并生成一个或多个输出流的操作。执行时，Flink 程序映射到 Streaming DataFlow，由 Stream 和转换操作（Transformation Operators）组成。

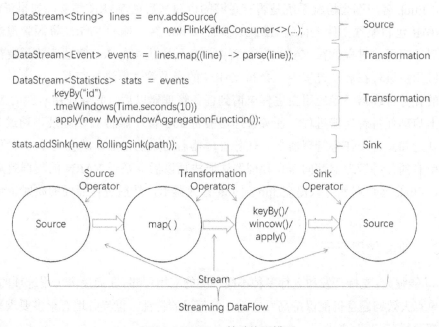

图 5-12　Flink 基础编程模型

5.5.8 Flink 作业执行过程

Flink 作业执行过程如图 5-13 所示。

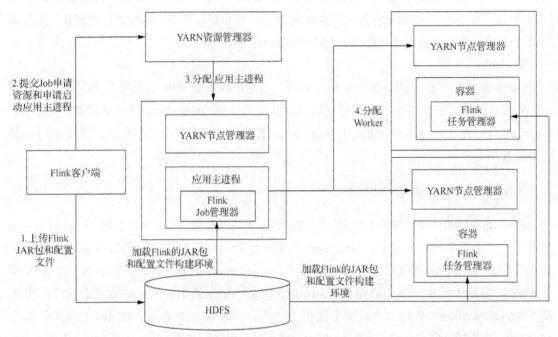

图 5-13　Flink 作业执行过程

首先，Flink 客户端会检验系统是否有足够的资源来启动 YARN 集群，如果资源足够，它就会将 JAR 包和配置文件上传到 HDFS。然后，Flink 客户端和 YARN 资源管理器进行通信，申请启动应用主进程。在 YARN 的集群中，应用主进程与 Job 管理器被封装在同一个容器中。应用主进程在启动过程中，会和 YARN 的资源管理器进行交互，向资源管理器申请所需要的任务管理器。当应用主进程申请到任务管理器以后，它会在所对应的 YARN 节点管理器上启动任务管理器进程，任务管理器会将 Job 管理器的 IPC 地址，通过与 HDFS 共享的方式通知到各个任务管理器上。任务管理器启动成功以后，就会向 Job 管理器进行注册。当所有的任务管理器都向 Job 管理器注册成功以后，基于 YARN 的集群就启动成功了。最后，Flink 客户端就可以提交 Job 到 Job 管理器上，然后进行后面的映射、调度、计算等处理。

5.5.9 Flink 应用场景

Flink 功能强大，支持开发和运行多种不同种类的应用程序。在启用高可用选项的情况下，它不存在单点失效问题且仍能保持高吞吐量、低延迟的特性。世界各地有很多要求严苛的流处理应用都运行在 Flink 之上。

1．事件驱动型应用

事件驱动型应用基于状态化流处理来完成，数据和计算不会分离，应用只需访问本地（内存或磁盘）即可获取数据。系统容错性的实现依赖于定期向远程持久化存储写入 Checkpoint。典型的事件驱动型应用实例有：反欺诈、异常检测、基于规则的报警、业务流程监控、（社交网络）Web 应用等。

2．数据分析应用

数据分析应用从原始数据中提取有价值的信息和指标。Flink 同时支持流式及批量分析应用，借助一些先进的流处理引擎，可以实时地进行数据分析，流式查询或应用会接入实时事件流，并随着事件消费持续产生和更新结果。这些结果数据可能会写入外部数据库或以内部状态的形式维护。仪表展示应用可以相应地从外部数据库读取数据或直接查询应用的内部状态。典型的数据分析应用实例有：电信网络质量监控、移动应用中的产品更新及实验评估分析、消费者技术中的实时数据即席分析、大规模图分析等。

3．数据管道应用

数据管道应用是一种在存储系统之间进行数据转换和迁移的常用方法，以持续流模式运行。它支持从一个不断生成数据的源头读取记录，并将它们以低延迟移动到终点。数据管道可以用来监控文件系统目录中的新文件，并将其数据写入事件日志；可用于将事件流物化到数据库或增量构建和优化查询索引。典型的数据管道应用实例有：电子商务中的实时查询索引构建、电子商务中的持续 ETL 等。

5.5.10　Flink 和 Spark Streaming 的区别

Flink 是标准的实时处理引擎，基于事件驱动。而 Spark Streaming 是微批处理（Micro-Batch）模型，每次处理一小批数据，一小批数据中包含多个事件，以接近实时处理的效果。

1．架构模型

Spark Streaming 在运行时的主要角色包括主节点、工作节点、驱动器、执行器，Flink 在运行时的角色主要包含作业管理器（JobManager）、任务管理器（TaskManager）和任务槽位（TaskSlot，简称 Slot）。

2．任务调度

Spark Streaming 连续不断地生成微小的数据批次，构建 DAG，Spark Streaming 会依次创建驱动流图（DStreamGraph）、作业生成器（JobGenerator）、作业调度器（JobScheduler）。Flink 根据用户提交的代码生成处理流图（StreamGraph），经过优化生成作业图（JobGraph），然后提交给 JobManager 进行处理，JobManager 会根据 JobGraph 生成执行图（ExecutionGraph）。ExecutionGraph 是 Flink 调度最核心的数据结构之一，JobManager 会根据 ExecutionGraph 对作业（Job）进行调度。

3．时间机制

Spark Streaming 支持的时间机制有限，只支持处理时间。Flink 支持流处理程序在时间上的 3 个定义：处理时间、事件时间、注入时间。同时也支持 Watermark 机制来处理迟到数据。

4. 容错机制

对于 Spark Streaming 任务可以设置 Checkpoint，当发生故障并重启时，可以从上次 Checkpoint 之处恢复，这个行为只能使得数据不丢失，可能会重复处理，不能做到精确一次语义处理。Flink 则使用两阶段提交协议来解决这个问题。

5.6 实践：Hadoop 安装与配置

在伪分布式模式下部署 Hadoop，采用 Hadoop 2.9.2，Java 环境为 Oracle JDK 1.8，SSH 连接采用 MobaXterm。

5-6　Hadoop 安装与配置

5.6.1 Hadoop 基础环境配置

1. 安装 Java

（1）上传、解压并安装 JDK 的命令如下。

```
tar -zxvf /soft/jdk-8u191-linux-x64.tar.gz -C /app/
```

（2）配置 Java 环境。

通过修改/etc/profile 文件完成环境变量 JAVA_HOME、PATH 和 CLASSPATH 的设置，在配置文件/etc/profile 的最后添加如下内容。

```
# set java environment
export JAVA_HOME=/app/java/
export PATH=$JAVA_HOME/bin:$PATH
export CLASSPATH=.:$JAVA_HOME/lib/dt.jar:$JAVA_HOME/lib/tools.jar
```

（3）使用命令"source /etc/profile"重新加载配置文件或者重启机器，使之立即生效。

（4）验证 Java 是否安装配置成功，使用命令"java –version"，查看 Java 及其版本。

2. 安装 Hadoop

（1）上传、解压并安装 Hadoop 命令如下。

```
tar -zxvf /soft/hadoop-2.9.2.tar.gz -C /app
```

（2）配置 Hadoop 环境变量。

通过修改/etc/profile 文件完成环境变量 HADOOP_HOME、PATH 的设置，在配置文件 /etc/profile 的最后添加如下内容。

```
export HADOOP_HOME=/app/hadoop
export PATH=$HADOOP_HOME/bin:$HADOOP_HOME/sbin:$PATH
```

（3）使用命令"source/etc/profile"重新加载配置文件或者重启机器，使之立即生效。

（4）验证 Hadoop，使用命令"echo $HADOOP_HOME"查看 Hadoop 是否安装配置成功。

5.6.2 Hadoop 配置

Hadoop 的配置文件位于/app/hadoop/etc/hadoop，主要包括的配置文件有 hadoop-env.sh、 mapred-env.sh、yarn-env.sh、core-site.xml、hdfs-site.xml、mapred-site.xml、yarn-site.xml 这 7 个文件。

1. 配置 hadoop-env.sh

主要配置 Java 的安装路径 JAVA_HOME、Hadoop 日志存储路径 HADOOP_LOG_DIR 及添加 SSH 的配置选项 HADOOP_SSH_OPTS 等。命令如下。

```
export JAVA_HOME=/app/java/
export HADOOP_SSH_OPTS='-o StrictHostKeyChecking=no'
export HADOOP_LOG_DIR=/var/log/hadoop/hdfs
```

2. 配置 mapred-env.sh

主要配置 MapReduce 日志存储路径 HADOOP_MAPRED_LOG_DIR、Java 安装路径 JAVA_HOME 等。命令如下。

```
export JAVA_HOME=/app/java/
export HADOOP_MAPRED_LOG_DIR=/var/log/hadoop/mapred
```

3. 配置 yarn-env.sh

YARN 是 Hadoop 的资源管理器，主要配置 Java 安装路径 JAVA_HOME、YARN 日志存放路径 YARN_LOG_DIR 等。命令如下。

```
export JAVA_HOME=/app/java/
export YARN_LOG_DIR=/var/log/hadoop/yarn
```

4. 配置 core-site.xml

core-site.xml 是 Hadoop Core 的配置文件，如 HDFS 和 MapReduce 常用的 I/O 设置等。修改如下内容。

```
<configuration>
    <property>
        <name>hadoop.tmp.dir</name>
        <value>/app/hadoop/hdfsdata</value>
    </property>
    <property>
        <name>fs.defaultFS</name>
        <value>hdfs://localhost:9000</value>
    </property>
</configuration>
```

5. 配置 hdfs-site.xml

在这个配置文件中，主要配置 HDFS 的几个分项数据，如字空间元数据、数据块、辅助节点的检查点的存放路径，不修改的采用默认值即可。修改如下内容。

```
<configuration>
    <property>
        <name>dfs.replication</name>
        <value>1</value>
    </property>
</configuration>
```

6. 配置 mapred-site.xml

mapred-site.xml 是有关 MapReduce 计算框架的配置信息，Hadoop 配置文件中没有

mapred-site.xml，但有 mapred-site.xml.template，将其复制并重命名为"mapred-site.xml"即可，然后用 Vim 编辑相应的配置信息。

7. 配置 yarn-site.xml

yarn-site.xml 是有关资源管理器的 YARN 配置信息。修改如下内容。

```
<configuration>
    <property>
        <name>yarn.nodemanager.aux-services</name>
        <value>mapreduce_shuffle</value>
    </property>
</configuration>
```

5.6.3　格式化文件系统

输入命令"hdfs namenode-format"，对 HDFS 进行格式化，HDFS 格式化命令执行成功后，在 Hadoop 安装目录下自动生成 hdfsdata/dfs/name HDFS 元数据目录。

5.6.4　启动和验证 Hadoop

启动和验证 Hadoop 守护进程："start-dfs.sh"命令会在节点上启动 NameNode、DataNode 和 Secondary NameNode 服务；"start-yarn.sh"命令会在节点上启动 ResourceManager、NodeManager 服务；"mr-jobhistory-daemon.sh"命令会在节点上启动 JobHistoryServer 服务。

5.6.5　Hadoop Web 管理工具

Web 可以用来验证 Hadoop 集群是否部署成功且正确启动。其中 HDFS Web UI 的默认地址为 http://namenodeIP:50070，运行界面如图 5-14 所示；YARN Web UI 的默认地址为 http://resourcemanagerIP:8088，运行界面如图 5-15 所示；MapReduce Web UI 的默认地址为 http://jobhistoryIP:19888，运行界面如图 5-16 所示。

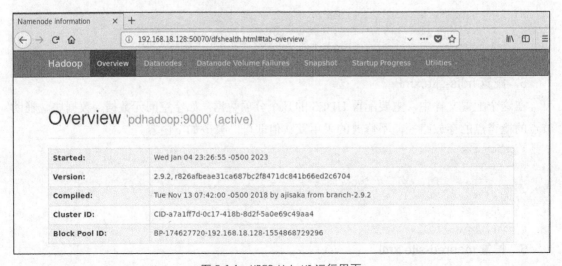

图 5-14　HDFS Web UI 运行界面

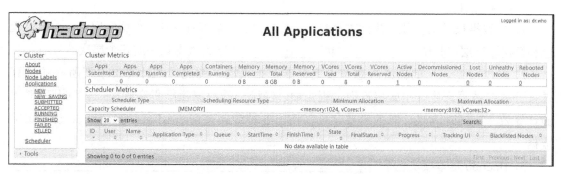

图 5-15　YARN Web UI 运行界面

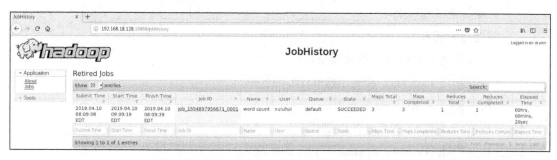

图 5-16　MapReduce Web UI 运行界面

习　题

一、选择题

1．（　　）是一系列技术的总称，它集合了数据采集与传输、数据存储、数据处理与分析、数据挖掘、数据可视化等技术，是一个庞大而复杂的技术体系。

　　A．大数据技术　　　B．云计算技术　　　C．机器学习　　　D．深度学习

2．（　　）架构的核心思想是通过改进流计算系统来解决数据全量处理的问题，使得实时计算和批处理过程使用同一套代码。

　　A．IOTA　　　　　B．Lambda　　　　　C．Kappa　　　　D．IoT

3．（　　）是建立在 Hadoop 上的数据仓库基础构架。

　　A．HBase　　　　　B．Hive　　　　　　C．Pig　　　　　D．Flume

4．（　　）是用于分布式应用的高性能的协调服务，为分布式应用提供一致性服务的软件，提供的功能包括配置维护、域名服务、分布式同步、组服务等。

　　A．HBase　　　　　B．Mahout　　　　　C．Flume　　　　D．ZooKeeper

5．（　　）是一个分布式大数据处理引擎，可对有限数据流和无限数据流进行有状态或无状态的计算，能够部署在各种集群环境中，对各种规模大小的数据进行快速计算。

　　A．Hadoop　　　　　B．Spark　　　　　C．Flink　　　　D．MapReduce

二、填空题

1．大数据技术架构分为数据收集层、数据存储层、数据处理层、数据应用层、数据治理层和数据运维层，其中＿＿＿＿＿＿和＿＿＿＿＿＿贯穿大数据处理的各个层次。

2．＿＿＿＿＿＿的核心思想是设定标准数据模型，通过边缘计算技术把所有的计算过程分散在数据产生、计算和查询过程当中，以统一的数据模型贯穿始终，从而提高整体的计算效率，同时满足计算的需要，可以使用各种即席查询（Ad-hoc Query）来查询底层数据。

3．Hadoop 基本模块包括＿＿＿＿＿＿、＿＿＿＿＿＿、＿＿＿＿＿＿和＿＿＿＿＿＿。

4．Spark 生态系统主要包括服务层、＿＿＿＿＿＿、＿＿＿＿＿＿和数据存储层。

5．Flink 基础编程模型由＿＿＿＿＿＿、＿＿＿＿＿＿和＿＿＿＿＿＿构成。

三、简述与分析题

1．分析并简述大数据技术参考模型。

2．分析并简述 Lambda、Kappa 和 IOTA 的区别。

3．分析并简述 Spark 的基本流程。

4．分析并简述 Flink 的作业执行过程。

5．分析并简述 Hadoop、Spark 和 Flink 的区别。

第 6 章 大数据技术

大数据技术指的是与大数据的数据采集及预处理、存储、计算分析和结果呈现等大数据处理流程相关的技术，使用非传统工具，对多样化的数据进行处理，从而获得分析和预测结果。本章将以大数据的处理过程为主线，依次介绍大数据采集与预处理、大数据存储技术、大数据计算技术等相关的技术。

【本章知识结构图】

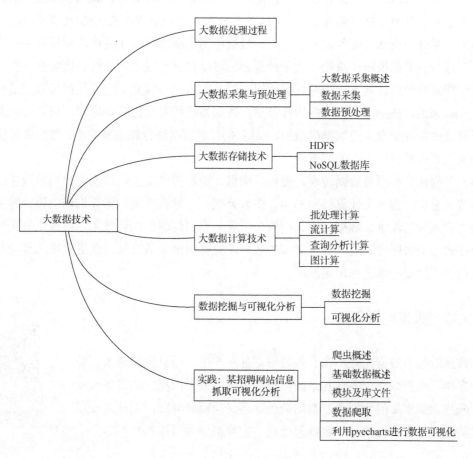

【本章学习目标】

（1）了解和理解大数据存储技术和大数据计算技术。

（2）熟练掌握大数据采集及预处理、大数据存储技术、大数据计算技术和数据挖掘与可视化分析。

6.1 大数据处理过程

6-1 大数据处理过程

通常，大数据处理过程可以概括为从数据产生开始，经历采集、管理、计算分析，最后经过可视化分析将结果呈现出来的过程。

（1）数据采集指从现实世界中采集数据，并对数据进行计量和记录。数据采集的工具很多，比如摄像头、话筒。一个数据采集系统整合了信号、传感器、数据采集设备和应用软件等。除了传感器采集的数据外，数据来源还包括关系数据库、互联网爬取的公开数据、系统运行日志等。采集到的数据类型也是复杂多样的，包括结构化数据、半结构化数据、非结构化数据等。获取数据后，还需要对数据进行变换、清洗等预处理，输出满足数据应用要求的数据。

（2）数据管理指对数据进行分类、编码、存储、索引和查询等，是数据从存储到查询检索的核心。数据管理的方式比较多样，从文件管理数据，到数据库、数据仓库技术的成熟，再到大数据时代新型数据存储技术，如 Hadoop 分布式文件系统以及 NoSQL 数据库。

（3）计算分析指从大规模、杂乱无章的数据中揭示隐含的内在规律，发掘有用的知识，指导人们进行科学的推断和决策。通常计算分析可以划分为描述性分析、诊断性分析、预测性分析和规范性分析。其方式为对数据建模，根据数据模型建立一定的数据计算方法和数据指标。一般来说，在一个比较成熟的行业里，数据指标相对是比较固定的，只要对业务有足够的了解是比较容易建立起数据模型的。如用 SQL 对数据进行筛选和洗涤，然后在数据之间尝试寻求因果关系或产生影响的逻辑。

（4）可视化分析指将数据转换为图形、图像，通过提供交互，帮助用户高效地完成对数据的理解、分析。它涉及计算机图形学、图像处理、计算机视觉、计算机辅助设计等多个领域，成为研究数据表示、数据处理、决策分析等一系列问题的综合技术。可视化分析可以帮助企业在较短的时间内浏览、分析更多的数据，快速做出业务决策，改进策略，推动业务增长，从而使其能更好地适应市场发展。

6.2 大数据采集与预处理

6-2 大数据采集与预处理

大数据时代，数据无处不在、每时每刻都在产生，而且数据量大、数据来源多样。这些分散在各地且来源多样的数据需要采用相应的设备或软件进行采集。采集后的数据会有数据缺失、语义模糊等问题，无法直接用于后续的数据分析，需要进行数据预处理，把数据变为可用的数据。

6.2.1　大数据采集概述

数据采集，又称"数据获取"，指通过各种技术手段采集外部各种数据源产生的实时或非实时的数据。与传统的数据采集相比，大数据采集在数据源、数据类型和数据存储方面有很多不同。传统的数据采集与大数据采集区别如表 6-1 所示。

表 6-1　　　　　　　　　　　　传统的数据采集与大数据采集区别

比较项目	传统的数据采集	大数据采集
数据源	来源比较单一，数据量相对稳定	来源广泛，数据量巨大，数据增长快
数据类型	数据类型相对单一	数据类型丰富，包括结构化、半结构化和非结构化数据
数据存储	关系数据库和文件系统	分布式数据库和分布式文件系统

针对不同的数据来源，有不同的数据采集方法，6.2.2 小节将主要介绍几种典型的数据采集方法：互联网数据的采集、业务数据的采集和日志数据的采集。

6.2.2　数据采集

1．互联网数据的采集

互联网数据的采集通常是借助"网络爬虫"来完成的。所谓网络爬虫，就是在网上抓取网页数据的程序。抓取网页的一般方法是：定义一个入口页面，一般一个页面中会包含指向其他页面的 URL（Uniform Resource Locator，统一资源定位符），于是从当前页面获取的网址将加入爬虫的抓取队列中，然后进入新页面再递归地进行上述的操作。

网络爬虫数据采集方法可以把非结构化数据从网页中抽取出来，将其存储为统一的本地数据文件，并以结构化的方式存储。它支持图片、音频、视频等文件或附件的采集，附件与正文可以自动关联。

2．业务数据的采集

业务数据的采集与企业的业务场景有很大的关联。很多企业还在使用传统的关系数据库如 MySQL 和 Oracle 等来存储业务系统数据，除此之外，互联网公司由于业务量增长过快，Redis 和 MongoDB 这样的 NoSQL 数据库也常被其用于数据的存储。企业可以借助 ETL 工具，把分散在企业不同位置的业务系统的数据，通过抽取、转换、加载到企业数据仓库中，以供后续的商务分析使用。

将采集到的不同业务系统的数据统一保存到数据仓库中，就可以为分散在企业不同地方的商务数据提供统一的视图，以满足企业各种商务决策分析的需求。

3．日志数据的采集

许多公司的业务平台每天都会产生大量的日志数据。这些日志数据用于记录业务执行的各种操作活动，比如网络监控的流量管理、金融应用的股票记账和 Web 服务器记录的用户访问行为等。通过对这些日志数据进行采集，然后进行数据分析，可以挖掘出具有潜在价值的信息，为公司决策提供可靠的支撑。

针对日志数据的采集，目前涌现了很多采集工具，如 Hadoop 的 Chukwa、Cloudera 的 Flume、Facebook 的 Scribe 等，这些工具均采用分布式架构，能满足每秒数百 MB 的日志数据采集和传输需求。下文重点对 Flume 做介绍。

Flume 是 Cloudera 提供的高可用的、高可靠的、分布式的海量日志采集、聚合和传输的系统。Flume 由一组以分布式拓扑结构相互连接的 Agent 构成，Agent 有 3 个核心组件：Source（数据来源）、Channel（数据通道）和 Sink（数据目标）（见图 6-1）。Source 产生事件，并将其传送给 Channel，Channel 存储这些事件直至转发给 Sink。

Agent 代表独立的 Flume 进程，包含组件 Source、Channel 和 Sink。Agent 使用 JVM 运行 Flume，每台机器运行一个 Agent，但是在一个 Agent 中可以包含多个 Source、Channel 和 Sink。

Source 组件是专门用来收集数据的，可以处理多种类型、多种格式的日志数据，并将接收到的数据传递给一个或者多个 Channel。

Channel 组件是一种短暂的存储容器，它将从 Source 处接收到的数据缓存起来，可对数据进行处理，直到数据被 Sink 消费掉。Channel 是一个完整的事务，这一点保证了数据在收发时的一致性，并且它可以和任意数量的 Source 和 Sink 连接。

Sink 组件用于处理 Channel 中的数据并将其发送到目的地，如 HDFS。

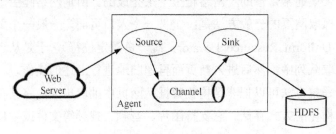

图 6-1　Flume 的核心组件

6.2.3　数据预处理

采集得到的数据需要进行预处理。数据预处理包括数据清洗、数据转换和数据脱敏等。

1. 数据清洗

数据清洗主要是对缺失值、异常值、数据类型和重复值进行处理。

缺失值处理是指由于调查、编码和输入误差，数据中可能存在一些缺失值，需要对缺失值进行处理。典型的处理方法是估算、整例删除和变量删除等。估算是指用某个变量的样本均值或样本数量特征代替缺失值。整例删除是指剔除含有缺失值的样本。变量删除是指如果某一变量的缺失值很多，而且该变量对于所研究的问题不是特别重要，则可以考虑将该变量删除。

异常值处理是指根据每个变量的合理取值范围和相互关系，检查数据是否合乎要求，发现超出正常范围、逻辑上不合理或者相互矛盾的数据。例如，体重出现了负数就超出了正常范围。

数据类型往往会影响后续的数据处理分析环节，因此，需要明确每个字段的数据类型，需要进行相应的数据类型转换。比如，来自 A 表的"学号"是字符型，而来自 B 表的相同字段的类型是日期型，在数据清洗的时候就需要对二者的数据类型进行统一处理。

重复值的存在会影响数据分析和挖掘结果的准确性。因此，在数据分析和建模之前需要进行数据重复性检验，如果存在重复值，还需要进行重复值的删除。

2．数据转换

数据转换就是将数据进行转换或归并，从而构成适合数据处理的形式。典型的数据转换策略有聚集处理、数据泛化处理。聚集处理是指对数据进行汇总操作。例如，每天的数据经过汇总操作可以获得每月或每年的总额。这一操作常用于构造数据立方体或对数据进行多粒度的分析。数据泛化处理是指用更抽象（更高层次）的概念来取代低层次的数据对象。例如，街道属性可以泛化到更高层次的概念，如城市、国家，再比如年龄属性可以映射到更高层次的概念，如青年、中年和老年。

3．数据脱敏

数据脱敏不仅要执行"数据漂白"，抹去数据中的敏感内容，同时也需要保持原有的数据特征、业务规则和数据关联性。例如：身份证号码由 17 位数字本体码和 1 位校验码组成，分别为区域地址码（6 位）、出生日期（8 位）、顺序码（3 位）和校验码（1 位）。那么身份证号码的脱敏规则就需要保证脱敏后依旧保持这些特征信息，保证出生年月字段和身份证包含的出生日期的一致性。

比较典型的数据脱敏方法有数据替换和掩码屏蔽。数据替换是指用设置的固定虚构值替换真值。例如将手机号码统一替换为 13900000000。掩码屏蔽是针对账户类数据的部分信息进行脱敏时的有力工具，比如银行卡号或身份证号码的脱敏。例如，把身份证号码"640524000000218"替换为"640524********0218"。

数据采集与预处理是大数据分析全流程的关键一环，直接决定了后续环节分析结果的质量。

6.3 大数据存储技术

6-3 大数据存储技术

大数据存储技术对存储的硬件架构和文件系统的性价比要高于传统技术的，要求存储容量可以很方便地扩展，且要求有很强的容错能力和并发读写能力。这需要解决两个问题：第一个是如何应对数据海量化和快速增长需求，第二个是如何处理数据格式多样化的数据。本节将简要介绍 Hadoop 的分布式文件系统（HDFS）和 NoSQL 数据库。

6.3.1 HDFS

HDFS（Hadoop Distributed File System，Hadoop 分布式文件系统）是 Hadoop 的核心技术之一。HDFS 为大数据平台的其他所有组件提供了基本的存储功能，其高容错、高可靠、高可扩展、高吞吐率等特征，为大数据存储和处理提供了强大的底层存储架构。因此，HDFS是大数据平台的基础。

HDFS 采用主/从（Master/Slave）架构，其体系架构如图 6-2 所示。在该架构中，集群由多个节点构成，这些节点分为两类，一类称为"主节点"（Master Node）也称"名称结点"（NameNode），另一类称为"从节点"（Slave Node）也称"数据节点"（DataNode）。NameNode 管理所有 DataNode，DataNode 在 NameNode 的指挥下协作完成数据存取服务。DataNode 通过主动向 NameNode 发送心跳包与 NameNode 建立联系。

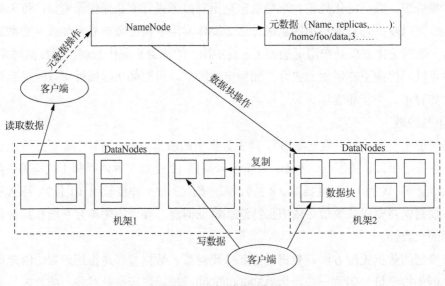

图 6-2　HDFS 的体系架构

NameNode 和 DataNode 的功能如表 6-2 所示。NameNode 存储的是元数据，元数据的内容有：文件是什么，文件被分成了多少个 Block（Block 是 HDFS 存储的基本单位），每个 Block 和文件是怎么映射的，每个 Block 存储在哪个服务器上等。元数据保存在内存中。DataNode 存放具体的文件内容，且存放在磁盘上。

表 6-2　　　　　　　　　　　　NameNode 和 DataNode 的功能

NameNode	DataNode
存储元数据	存储文件内容
元数据保存在内存中	文件内容保存在磁盘上
保存文件，Block、DataNode 之间的映射关系	维护 Block ID 到 DataNode 本地文件的映射关系

HDFS 采用多副本方式对数据进行冗余存储。通常一个数据块的多个副本会被分布到不同的数据节点上，默认副本数为 3，图 6-3 所示为 HDFS 多副本存储。多副本策略的优点如下。

（1）加快数据传输速度。以前只有一个文件，访问时会产生先后次序问题。如今有多个副本，可以并行访问。

（2）容易检查出数据错误。如果一个副本的内容和其他副本的不一样，可以很容易检查出来。

（3）保证数据的可靠性。因为有了副本，当其他副本消失时，可以根据设置的副本数量，自动复制其他副本。

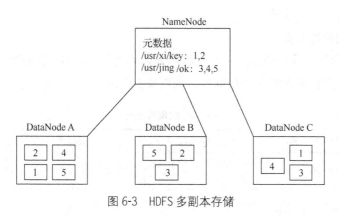

图 6-3　HDFS 多副本存储

6.3.2　NoSQL 数据库

1．NoSQL 数据库产生背景

NoSQL 数据库中 NoSQL 的含义是"不仅仅是 SQL"（Not only SQL）。NoSQL 数据库是一类区别于传统关系数据库的新型数据库系统。其出现和发展的主要动力是传统的关系数据库无法满足大数据时代对数据管理的新需求。大数据时代要求数据库系统必须具有高并发读写、海量数据的高效存储和管理、高可扩展性和高可用性，NoSQL 数据库就是为了满足这样的需求而产生的。

2．NoSQL 数据库特点

（1）易扩展。NoSQL 数据库中数据之间无关系，因此非常容易扩展。

（2）高性能。NoSQL 数据库有非常高的读写性能，即使在数据量很大的情况下，其表现同样优秀。

（3）高灵活性。NoSQL 数据库无须事先为要存储的数据建立字段，可以随时存储自定义的数据格式。

（4）高可用性。NoSQL 在不影响性能的前提下，可以方便地实现具有高可用性的架构。

（5）开源、成本低。多数 NoSQL 数据库产品是开源的。

3．NoSQL 数据库的应用场景

（1）数据库表经常变化。比如电子交易系统，其产品的属性根据情况变化需要经常增加字段，新增字段会带来很大的额外开销。在这种场景下，NoSQL 可以极大地提升数据库的可伸缩性，减轻开发人员的负担。

（2）数据库表字段是复杂数据类型。NoSQL 数据库提供了原生态的支持，在效率上远高于传统关系数据库。

（3）高并发数据库请求。大数据的很多应用对于数据一致性的要求很低，而关系数据库的事务以及大表连接反而成了"性能杀手"。

（4）海量数据的分布式存储。NoSQL 分布式存储可以部署在廉价的硬件上，性价比高。

当然，这并不是说 NoSQL 数据库可以解决一切问题，传统关系数据库还是有很多实际应用场景的，目前也是无法替代的。

4．NoSQL 数据库类型

NoSQL 数据库虽然数量众多，但是归结起来，典型的 NoSQL 数据库通常包括键值数据库、列族数据库、文档数据库和图数据库，如表 6-3 所示。

表 6-3　　　　　　　　　　　　　　　　　NoSQL 数据库类型

比较项目	键值数据库	列族数据库	文档数据库	图数据库
优势	快速查询	查找速度快，可扩展性强	数据结构要求不严格	利用图结构相关算法
劣势	数据缺少结构化	功能相对局限	查询性能不高	需要计算整个图才能得出结果
代表产品	Berkeley DB	HBase	MongoDB	Infogrid

5．HBase

HBase（Hadoop Database）是一款高可靠、高性能和可伸缩的 NoSQL 数据库，主要用来存储非结构化和半结构化的松散数据。HBase 已经成功应用于互联网服务领域和传统行业的众多在线数据分析处理系统中。

由于 HDFS 面向批量访问模式，而不是随机访问模式，传统的通用关系数据库无法应对在数据规模剧增时导致的系统扩展性和性能问题。因此，业界出现了一类面向半结构化数据存储和处理的高可扩展、低写入/查询延迟的系统。例如键值数据库、文档数据库和列族数据库。HBase 就是列族数据库的代表。

HBase 利用廉价计算机集群处理由超过数亿行数据和数百万列元素组成的数据表。HBase 与传统关系数据库比较，主要区别如下。

（1）数据类型。HBase 只有简单的字符类型；而传统关系数据库可提供丰富的类型和存储方式。

（2）数据操作。HBase 只有很简单的插入、查询、删除、清空等操作，表和表之间是分离的；而传统关系数据库通常有各类不同的函数和连接操作，表之间通常具有引用关系。

（3）存储模式。HBase 是基于列存储的，每个列族都由几个文件保存；而传统关系数据库是基于表格结构和行保存的。

（4）数据维护。HBase 的更新操作是插入新的数据；而传统关系数据库的是替换、修改已有数据。

（5）可伸缩性。HBase 扩展性强，支持即插即用硬件，具有高容错性；而传统关系数据库通常需要增加中间层才能实现类似的功能。

HBase 是一个稀疏、多维度、排序的映射表，这张表的索引是行键、列族、列限定符和时间戳。表中的每个值是一个未经解释的字符串，没有数据类型。用户在表中存储数据，每一行都有一个可排序的行键和任意多的列。表在水平方向由一个或者多个列族组成，一个列族中可以包含任意多个列，同一个列族里的数据存储在一起。列族支持动态扩展，可以很轻松地添加一个列族或列，无须预先定义列的数量以及类型，所有列均以字符串形式存储，用户需要自行对数据类型进行转换。在 HBase 中执行更新操作时，并不会删除数据的旧版本，而是生成一个新版本，旧版本仍然保留（这和 HDFS 只允许追加不允许修改的特性相关）。

HBase 示例 1 如表 6-4 所示。与 HBase 相关的概念有表、行、列族、列限定符、单元格和时间戳等。

表：HBase 采用表来组织数据，表由行和列组成，列划分为若干个列族。

行：每个 HBase 表都由若干行组成，每个行由行键（Row Key）来标识。

列族：一个 HBase 表被分组成许多"列族"（Column Family）的集合，它是基本的访问控制单元。

列限定符：列族里的数据通过列限定符（或列）来定位。

单元格：在 HBase 表中，通过行、列族和列限定符确定一个"单元格"（Cell），单元格中存储的数据没有数据类型，总被视为字节数组，记为 byte[]。

时间戳：每个单元格都保存着同一份数据的一个版本，这些版本采用时间戳进行索引。

表 6-4　　　　　　　　　　　　　　　HBase 示例 1

Row Key	personalInfo			
SNO	Sname	Sage	Smajor	Email
2013	liu	20	Math	liu@qq.com
2014	zheng	21	Computer	zheng@qq.com

HBase 中需要根据行键、列族、列限定符和时间戳来确定一个单元格，因此，可以将其视为一个"四维坐标"，即[行键, 列族, 列限定符,时间戳]，HBase 示例 2 如表 6-5 所示。每行数据不进行删除操作，修改时执行更新操作，且不会删除数据旧版本，而是生成一个新版本，旧版本仍然保留。表 6-5 中 t1 和 t2 分别对应 2 个版本，t1 是旧版本，t2 是新版本，旧版本保留，通过时间戳对数据进行区分。

表 6-5　　　　　　　　　　　　　　　HBase 示例 2

键	值
[2014,personalInfo,Sage,t1]	21
[2014,personalInfo,Sage,t2]	22

大数据存储的数据不仅数据量大，而且数据类型多样，也就是说大数据存储的数据具有海量、异构的特点。这个特点要求存储具有高性能和高可靠性。本节介绍的大数据存储技术，主要是 HDFS 和分布式数据库 HBase。

6.4 大数据计算技术

6-4 大数据计算技术

大数据计算主要是面对大规模的海量数据进行的并行处理、分析和挖掘，以满足相应的业务需求。针对不同的业务场景，大数据计算主要有批处理计算、流计算、查询分析计算和图计算这4种类型。大数据计算类型比较如表6-6所示。

表 6-6   大数据计算类型比较

大数据计算类型	解决问题	代表产品
批处理计算	针对大规模数据的批量处理	MapReduce、Spark 和 Pig 等
流计算	针对流数据的实时计算	Storm、Flume 和 Flink 等
查询分析计算	大规模数据存储管理和查询分析	Hive、Dremel、Cassandra、Impala 等
图计算	针对大规模图结构数据的处理	Pregel、GraphX 和 PowerGraph 等

6.4.1 批处理计算

批处理计算是日常数据分析工作中常见的一类数据处理。在业务处理中常见的大数据批处理计算框架有 MapReduce 和 Spark，其中，MapReduce 的影响力更大。MapReduce 和 Spark 都是用于处理海量数据的，但是在处理方式和处理速度上存在着差异，MapReduce 是基于磁盘处理数据的，Spark 处理数据是基于内存的。MapReduce 将中间结果保存到磁盘中，减少了内存占用，牺牲了计算性能；Spark 将计算的中间结果保存到内存中，可以反复利用中间结果，提高了处理数据的性能。下文主要对 MapReduce 的基本原理进行说明，Spark 的应用可以参考有关官方文档。

MapReduce 采用分而治之的策略，把非常庞大的数据集切换成多个独立的小分片，然后为每个小分片单独启动一个 Map 任务，将多个 Map 任务并行地在机器上处理，处理完后通过 Reduce 任务聚合，最终输出计算结果。MapReduce 工作流程如图 6-4 所示。在具体编程实现时，由于其内部将复杂的、运行于大规模集群上的并行计算过程高度地抽象为两个函数，即 map() 和 reduce()，因此开发人员不需要掌握编程细节，对这两个函数执行相应操作就可以完成批处理计算。

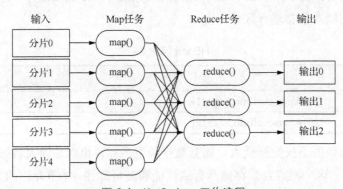

图 6-4   MapReduce 工作流程

再细分一下，MapReduce 工作流程可以分为 5 个执行阶段，如图 6-5 所示，分别是 InputFormat、Map、Shuffle、Reduce 和 OutputFormat。各个执行阶段之间有如下特点：不同的 Map 任务之间不会进行通信，不同的 Reduce 任务之间也不会发生任何信息交换，用户不能显式地从一台计算机向另一台计算机发送消息，所有的数据交换都是通过 MapReduce 框架自身去实现的。

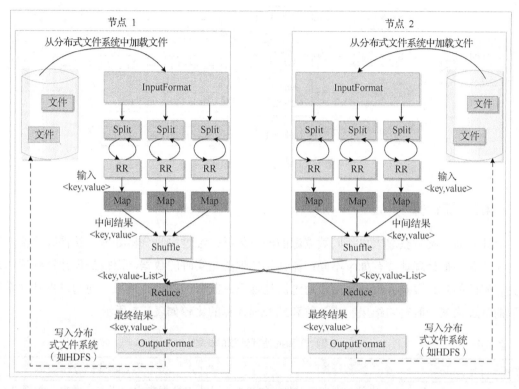

图 6-5 MapReduce 工作流程的 5 个执行阶段

MapReduce 工作流程中的 5 个执行阶段说明如下。

（1）InputFormat。输入数据做预处理，验证输入格式是否符合输入定义，然后对输入文件进行切分，将输入文件切分为多个逻辑上的 Split，然后 RR（RecordReader）根据 Split 中的信息来处理 Split 中的具体记录，加载数据并转换为适合 Map 任务读取的键值对<key, value>，再输入给 Map 任务。

（2）Map。会根据用户自定义的映射规则，输出一系列的<key, value>作为中间结果。

（3）Shuffle（洗牌）。为了让 Reduce 可以并行处理 Map 的结果，需要对 Map 的输出进行一定的排序、分区、合并、归并等操作，得到<key,value-List>形式的中间结果，再交给对应的 Reduce 进行处理，这个过程叫作 Shuffle。

（4）Reduce。以一系列的<key,value-List>中间结果作为输入，执行用户定义的逻辑，输出<key,value>形式的最终结果给 OutputFormat。

（5）OutputFormat。会验证输出目录是否已经存在，以及输出结果类型是否符合配置文件中的配置类型，如果都满足，就输出 Reduce 的结果到分布式文件系统。

统计文本的单词频率如图 6-6 所示，其为 MapReduce 工作流程的一个具体例子。在这个例子中，输入一个文本，最后可以统计出文本单词的出现频率。

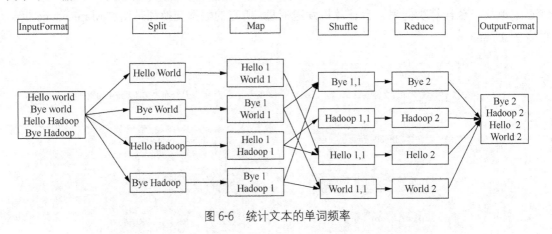

图 6-6   统计文本的单词频率

6.4.2   流计算

流计算通过实时获取来自不同数据源的海量数据，经过实时分析处理，获得有价值的信息。流计算与批处理计算有如下不同：流计算处理的是实时的数据，而批处理计算处理的是预先存储好的静态数据；流计算用户通过流处理系统获取的是实时结果，而通过批处理系统获取的是过去某一时刻的结果。流计算和批处理计算的比较如表 6-7 所示。

表 6-7   流计算和批处理计算的比较

比较项目	流计算	批处理计算
数据范围	对滚动时间窗口内的数据或仅对最近的数据记录进行查询或处理	对数据集中的所有或大部分数据进行查询或处理
数据大小	单条记录或包含几条记录的微批量数据	大批量数据
性能	只需大约几秒或几毫秒的延迟	几分钟至几小时的延迟
分析	简单的响应函数、聚合和滚动指标	复杂分析

流计算中有很多优秀的系统，这里以 Storm 为例来进行说明。Storm 是一个免费、开源的流计算系统，Storm 可以简单、高效、可靠地处理流数据，并支持多种编程语言，Storm 框架可以方便地与数据库系统进行整合，从而开发出强大的流计算系统。

Storm 集群采用"Master-Worker"的节点方式运行。Master 节点运行名为"Nimbus"的后台程序，负责在集群范围内分发代码、为 Worker 分配任务和监测故障，Worker 节点运行名为"Supervisor"的后台程序，负责监听分配给它所在计算机的工作，即根据 Nimbus 分配的任务来决定启动或停止 Worker 进程，一个 Worker 节点上可同时运行若干个 Worker 进程。

Storm 集群架构如图 6-7 所示，其中 ZooKeeper 作为分布式协调组件，负责 Nimbus 和多个 Supervisor 之间的所有协调工作。

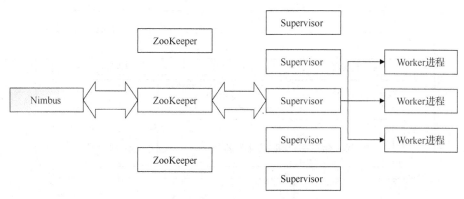

图 6-7　Storm 集群架构

基于这样的集群架构设计，Storm 的工作流程如图 6-8 所示。

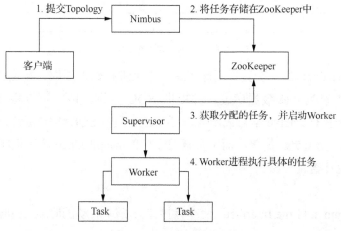

图 6-8　Storm 的工作流程

所有 Topology（类似任务）的提交必须在 Storm 客户端节点上进行。提交后，由 Nimbus 节点分配给其他 Supervisor 节点进行处理。Nimbus 节点首先将提交的 Topology 进行分片，分成一个个 Task，分配给相应的 Supervisor，并将 Task 和 Supervisor 的相关信息提交到 ZooKeeper 集群上。Supervisor 会去 ZooKeeper 集群上认领自己的 Task，通知自己的 Worker 进程进行 Task 的处理。

6.4.3　查询分析计算

针对大数据的存储管理和查询分析计算场景，需要提供实时响应或准实时响应。OLAP 就是典型的查询分析计算的应用场景。Hive、Dremel、Cassandra、Impala 等都是在这方面具有代表性的引擎。

目前市面上主流的开源 OLAP 引擎包含但不限于：Hive、Spark SQL、Presto、Kylin、Impala、Druid、ClickHouse、Greenplum 等。由于每种引擎都有自己适应的场景，用户需要根据自己的需求进行选型。其中 Hive 的系统架构如图 6-9 所示。

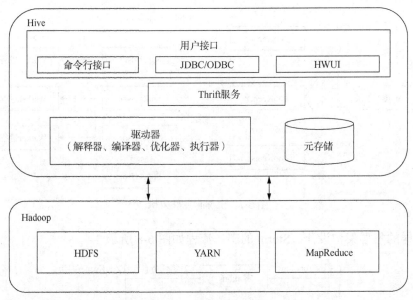

图 6-9　Hive 的系统架构

Hive 是基于 Hadoop 的一个数据仓库工具，用来进行数据提取、转化、加载。它能将结构化的数据文件映射为一张数据库表，并提供 SQL 查询功能，可以将 SQL 语句转变成 MapReduce 任务来执行。Hive 学习成本低，可以通过类似 SQL 语句实现快速 MapReduce 统计，使 MapReduce 变得更加简单，而不必开发专门的 MapReduce 应用程序。Hive 十分适合对数据仓库进行统计查询分析。

1．用户接口

（1）CLI（Command Line Interface，命令行接口）：CLI 启动的时候，会同时启动一个 Hive 副本。

（2）JDBC（Java Database Connectivity，Java 数据库连接）：封装了 Thrift、Java 应用程序，可以通过指定的主机和端口连接到在另一个进程中运行的 Hive 服务器。

（3）ODBC（Open Database Connectivity，开放数据库连接）：ODBC 驱动允许支持 ODBC 协议的应用程序连接到 Hive。

（4）HWUI（Hive Web User Interface，Hive Web 用户接口）：是通过浏览器访问 Hive。

2．Thrift 服务

Thrift 服务基于 Socket 通信，支持跨语言。Hive Thrift 服务简化了在多编程语言中运行 Hive 的命令。绑定支持 C++、Java、PHP、Python 和 Ruby 语言。

3．驱动器

解释器、编译器、优化器完成 HQL 查询语句从词法分析、语法分析、编译、优化以及查询计划的生成。生成的查询计划存储在 HDFS 中，并随后由 MapReduce 调用执行器执行。

4．元存储

客户端通过连接元存储（Metastore）服务，可以同时连接多个客户端，对所有 Hive 元数据和分区进行访问。

5. Hadoop

Hive 的数据文件存储在 HDFS 中，由 MapReduce 完成统计查询分析，由 YARN 负责资源调度。

6.4.4　图计算

许多大数据都以大规模图或网络的形式呈现，如社交网络、传染病传播途径、交通事故对路网的影响等。图计算用来探索数据之间存在的关联关系。例如，Twitter、Facebook、微博和微信等社交平台为了获取数据之间关联关系的有用信息，利用图来表达组织结构或人与人之间复杂的关联关系，并通过对大型图数据的迭代处理，获得图数据中隐藏的重要信息。许多非图结构的大数据，也常常会被转换为图模型后再进行分析，图数据结构能很好地表达数据之间的关联性。关联性计算是大数据计算的核心——通过获得数据的关联性，可以从噪声很多的海量数据中抽取有用的信息。比如，通过为购物者之间的关系建模，能很快找到口味相似的用户，并为之推荐商品。

图是用于表示对象之间关联关系的一种抽象数据结构，使用顶点（Vertex）和边（Edge）进行描述：顶点表示对象，边表示对象之间的关系。图计算是研究人类世界的事物和事物之间的关系，并对其进行描述、刻画、分析和计算的一门技术。图计算的应用十分广泛，目前在工业、教育、医疗、军事、金融、互联网等多个领域都有应用，已成为各国/地区、各科技型企业及研发机构竞争的新风口。据国际数据分析公司高德纳报告，预测图计算在2025 年将应用于 80%的数据分析和创新，并在金融、制造、能源、脑科学等领域有着巨大的应用价值和前景。

针对大型图的计算，目前通用的图计算软件主要包括两种：第一种主要是基于遍历算法的、实时的图数据库，如 Neo4j、OrientDB、DEX 和 InfiniteGraph；第二种则是以图顶点为中心的、基于消息传递批处理的并行引擎，如 Golden Orb、Giraph、Pregel 和 Hama 等。

6.5　数据挖掘与可视化分析

近年来，大数据的发展使得数据挖掘和可视化分析引起了广泛的关注，其主要原因是在大量数据存在并且快速增长的情况下，迫切需要将这些数据转换成有用的信息和知识，这些信息和知识可以用于各种应用，如商务分析、市场预测和疾病预防等。

6-5　数据挖掘与
可视化分析

6.5.1　数据挖掘

数据挖掘是指从大量数据中揭示出隐含的、先前未知的并有潜在价值的信息的过程。数据挖掘基于人工智能、机器学习、模式识别、统计学、数据库、可视化技术等，高度自动化地分析数据，做出归纳性的推理，从中挖掘出潜在的模式，帮助决策者调整市场策略，减少风险，以做出正确的决策。

　　数据挖掘是通过分析每个数据，从大量数据中寻找其规律的技术，主要有数据准备、规律寻找和规律表示 3 个步骤。数据准备是指从相关的数据源中选取所需的数据并整合成用于数据挖掘的数据集；规律寻找是指用某种方法将数据集所隐含的规律找出来；规律表示是指尽可能地以用户可理解的方式（如可视化）将找出的规律表示出来。数据挖掘可以利用存在的大量数据，并将这些数据转换成有用的信息和知识，广泛用于解决商务管理、生产控制、市场分析、工程设计和科学探索等大量应用问题。基于大量隐含的、先前未知的并有潜在价值的信息，把这些问题分成关联分析、聚类分析、分类分析、异常分析、特征群组分析和演变分析等数据挖掘任务。

　　数据挖掘过程模型的构建步骤主要包括定义问题、建立数据挖掘库、分析数据、准备数据、建立模型、评价模型和实施等。

　　利用数据挖掘进行数据分析的常用方法主要有：分类、回归分析、聚类、关联规则等，利用这些方法可以进行特征提取、偏差分析、文本挖掘、Web 挖掘和风险预测等。

6.5.2　可视化分析

　　通过数据挖掘，能够快速找出数据中隐藏的信息规律和真相。数据可视化能通过简洁直观的点、线、面组成的图形直观地展示数据信息，可以帮助人们快速捕获和保存信息。数据可视化是大数据处理的最后一个环节。

　　数据可视化在科学计算、图表绘制、天气预报、地理信息、工业设计、建筑设计装饰、动漫游戏等领域已有多年的应用实践。数据可视化与信息图形、信息可视化、科学可视化以及统计图形等密切相关。数据可视化不是简单地把数据变成图表，而是以数据的视角来看待世界，目的是描述世界和探索世界。大数据的发展也拓展了数据可视化学科的内涵和外延，可视化成为大数据分析的最后一环和对用户而言最重要的一环。

　　大数据可视化的优点如图 6-10 所示。

　　（1）接收更快。人脑对视觉信息的处理要比对书面信息的处理容易得多。使用图表来总结复杂的数据，可以确保对关系的理解要比混乱的报告或电子表格更快，以节省接收时间。

图 6-10　大数据可视化的优点

　　（2）增强互动。数据可视化的主要好处是它可以及时带来风险变化。与静态图表不同，可视化的应用可以是具有流动性的操作，能更有力地了解数据信息。

　　（3）强化关联。数据可视化的应用可以使数据之间的各种联系方式紧密关联，以数据图表的形式描绘各组数据之间的联系。

　　（4）美化数据。可视化从视觉的角度来描绘数据，可利用技术工具对数据的表现形式进行美化，以达到观看数据的同时对于视觉也是一种享受的效果。

　　大数据可视化工具包括入门级工具、信息图表工具、地图工具、时间线工具和高级分析工具等，每种工具都可以帮助我们实现不同类型的数据可视化分析，可以根据具体应用场合来选择合适的工具。

这里介绍阿里云的一款产品 DataV。DataV 帮助非专业的工程师通过图形化的界面轻松地搭建专业水准的可视化应用场景，可满足多种业务的展示需求。运营数据看板如图 6-11 所示。

图 6-11　运营数据看板

6.6　实践：某招聘网站信息抓取可视化分析

6-6　某招聘网站
信息抓取可视化
分析

本实践使用 Python 分析某招聘网站关于"python"的岗位招聘信息，并进行数据可视化。

6.6.1　爬虫概述

一个成功的爬虫需要对应一个标准化的网站。爬虫主要是为了方便我们获取数据，如果目标系统开发不规范、无规则，则很难用爬虫定制一套规则去爬取。爬虫基本是定制化的，对于不同的系统需要做相应的调整。

1．上网过程解析

（1）普通用户

普通用户的上网过程是：打开浏览器——输入网址并发送请求——接收响应数据——展示网页页面。

（2）爬虫程序

爬虫程序的上网过程是：模拟浏览器，输入网址并发送请求——接收响应数据——提取有用的数据——保存到本地/数据库。

2．爬虫的过程

（1）发送请求（requests 模块）。

（2）获取响应数据（服务器返回）。

（3）解析并提取数据（re 正则表达式解析或者 BeautifulSoup 查找）。

（4）保存数据。

6.6.2 基本数据概述

爬取某招聘网站中关于"python"的职位信息，网站搜索页面如图 6-12 所示。

图 6-12 招聘网站搜索页面

爬取的数据以 CSV 表格形式保存，招聘信息表（部分）如图 6-13 所示。

图 6-13 招聘信息表（部分）

6.6.3 模块及库文件

1. requests 模块

requests 是 Python 实现的简单易用的 HTTP 库。支持 HTTP 连接保持和连接池、使用 cookie 保持会话、文件上传、自动确定响应内容的编码、国际化的 URL 和 POST 数据自动编码。

requests 库常见的请求方法有 GET、POST、HEAD、PUT、PATCH 和 DELETE。

例如：requests.get(url,**kwargs)发送 http get 请求，返回服务器响应内容。

（1）url：请求的 URL 地址

（2）**kwargs：是一个可变的参数类型，在传实参时，以关键字参数的形式传入，python 会自动解析成字典的形式。如 params 一般用于 get 请求；headers 用于 HTTP 请求头信息；cookies 用于 Request 中的 cookie。

2. 安装库文件

pip 是通用的 Python 包管理工具，提供了对 Python 包的查找、下载、安装、卸载的功能。下面我们使用 pip 来安装库文件。

```
pip install requests
pip install fake_useragent
pip install re
pip install pprint
```

3. 图表绘制模块

pyecharts 是一个 Python 用于生成 Echarts 图表的类库，提供直观、生动、可交互、可高度个性化定制的数据可视化图表，使用 pip 命令可快速安装。

```
pip install pyecharts
```

6.6.4 数据爬取

爬取某招聘信息网站中关于"python"的所有招聘信息，返回页面数据。

1. 快速构建反爬请求和 Cookies，通过正则表达式解析数据

（1）导入包。

```
import requests
import re
import json
import pprint
from fake_useragent import UserAgent
```

（2）使用谷歌浏览器获取 requests 库中 set 方法的相关参数。

在招聘网站中搜索"python"。在该页面单击鼠标右键，在弹出的对话框中单击【检查】，打开开发者工具，页面如图 6-14 所示。选择【Network】页签并按【Ctrl+R】组合键刷新页面。

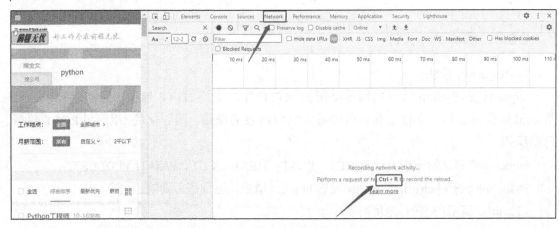

图 6-14　开发者工具页面

在【Name】中单击以 000000 开始的数据地址，可获取图 6-15 所示的数据地址信息。在【Headers】中查看"Request URL""Request Method""Remote Address"等信息。注意在"Request URL"中"?"后边的参数可以不设置。

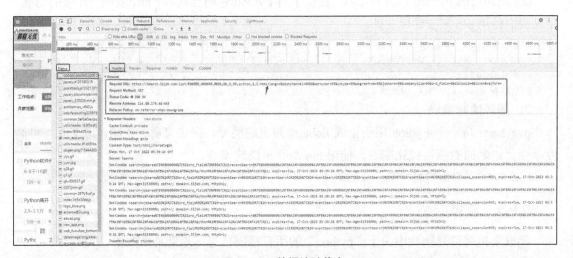

图 6-15　数据地址信息

为了获取网页的数据，通过调用 requests.get()方法获取服务器信息。具体方法实现如下。

```
response = requests.get('https://search.51job.com/list/000000,000000,0000,00,9,
99,python,2,1.html', params=params,cookies=cookies, headers=headers)
```

（3）将图 6-16 "Request Headers" 中的 Connection、Cache-Control、Upgrade-Insecure-Requests、User-Agent、Accept、Sec-Fetch-Site、Sec-Fetch-Mode、Sec-Fetch-User、Sec-Fetch-Dest、Accept-Encoding、Accept-Language 等参数信息，按照 Python 中字典数据格式要求填写到 headers = { }代码中，Cookie 字段信息填写到 cookies = { }代码中。将图 6-17 中 "Query String Parameters" 中的 lang、postchannel、workyear、cotype、degreefrom、jobterm、companysize、ord_field、line、welfare 等参数信息，填写到 params = { }代码中。注意 cookies 中信息要根据读者页面中的 Cookie 信息复制填写，否则会报 cookies 错误。

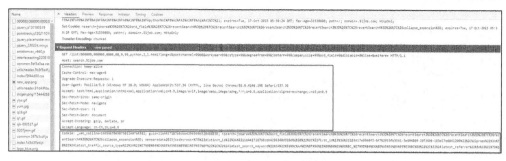

图 6-16 "Request Headers" 中的参数信息

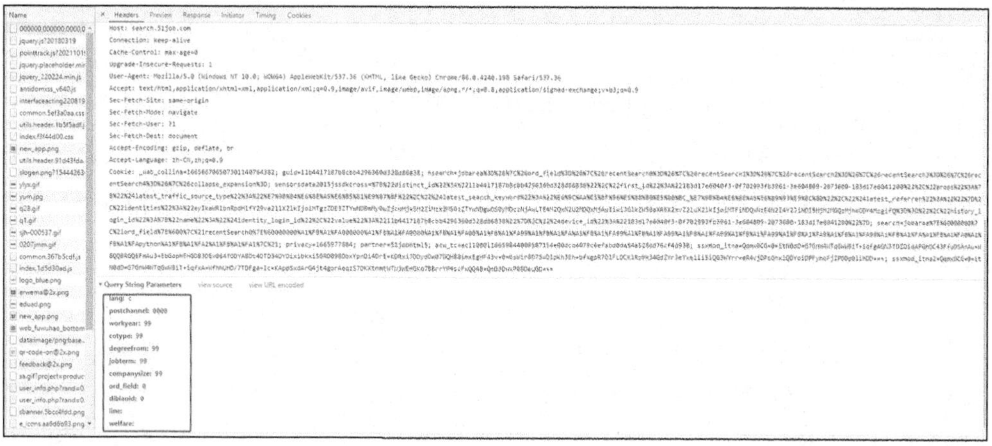

图 6-17 "Query String Parameters" 中的参数信息

下面构造 **requests.get()** 方法参数，获取和输出各种响应值。注意构造的参数值必须是字典形式，具体操作如下。

```
headers = { 'Connection': 'keep-alive',
    'Cache-Control': 'max-age=0',
    'Upgrade-Insecure-Requests': '1',
    'User-Agent': 'Mozilla/5.0 (Windows NT 10.0; WOW64) AppleWebKit/537.36 (KHTML,
like Gecko) Chrome/86.0.4240.198 Safari/537.36',
    ……}
cookies = { '_uab_collina': '166566703391916463871812',
    'guid': '31b3ce5300a50bb592a255e9db398598',
    ……}
params = {
    'lang': 'c',
    'postchannel': '0000',
    'workyear': '99',
    ……}
```

（4）数据解析。

为了能更好地理解数据，还需要进一步使用正则表达式对爬取的数据信息进行解析，使用正则表达式解析数据的结果如图 6-18 所示。

```
#根据"jobid_count" 获取每一项招聘信息
parse_data = re.findall('"engine_jds":(.*?),"jobid_count"', response.text)
parse_data_dict = json.loads(parse_data[0])
pprint.pprint(parse_data_dict)
```

```
{'ad_track': '',
 'adid': '',
 'attribute_text': ['上海-闵行区', '3-4年经验', '本科'],
 'coid': '2144578',
 'company_href': 'https://jobs.51job.com/all/co2144578.html',
 'company_name': '金卫医保信息管理（中国）有限公司',
 'companyind_text': '保险',
 'companysize_text': '150-500人',
 'companytype_text': '民营公司',
 'degreefrom': '6',
 'effect': '1',
 'isFromXyz': '',
 'isIntern': '',
 'is_special_job': '',
 'iscommunicate': '',
 'isdiffcity': '',
 'issuedate': '2022-09-27 13:00:01',
 'job_href': 'https://jobs.51job.com/shanghai-mhq/142291958.html?s=sou_sou_soulb&t=0_0',
 'job_name': 'Python开发工程师',
 'job_title': 'Python开发工程师',
 'jobid': '142291958',
 'jobwelf': '周末双休 节日福利 全勤奖 加班补贴 年底双薪 补充医疗保险 交通、餐补 免费班车 绩效奖金 弹性工作',
 'jobwelf_list': ['周末双休',
                  '节日福利',
                  '全勤奖',
                  '加班补贴',
                  '年底双薪',
                  '补充医疗保险',
                  '交通、餐补',
                  '免费班车',
                  '绩效奖金',
                  '弹性工作'],
 'jt': '0_0',
 'providesalary_text': '1.5-2万',
 'tags': [],
 'type': 'engine_jds',
 'updatedate': '09-27',
 'workarea': '021100',
 'workarea_text': '上海-闵行区',
 'workyear': '5'},
```

图 6-18　使用正则表达式解析数据的结果

根据解析出的网站数据信息字段“company_name”“job_name”“providesalary_text”
“workarea_text”“attribute_text”“jobwelf”“updatedate”“issuedate”“companysize_text”
“companytype_text”“companyind_text”“job_href”“company_href”，将网站爬取的数据保存
为由“公司”“职位”“薪资”“工作地点”“招聘要求”“公司待遇”“招聘更新时间”“招聘发
布时间”“公司人数”“公司类型”“行业类别”“招聘URL”“公司URL”等字段组成的CSV
数据文件。

2．爬取网站数据并保存

（1）设置数据存储信息。

```
file_path = f'./testData_Python招聘信息.csv'
f_csv = open(file_path, mode='w', encoding='utf-8', newline='')
fieldnames = ['公司', '职位', '薪资', '工作地点',
              '招聘要求', '公司待遇', '招聘更新时间', '招聘发布时间',
              '公司人数', '公司类型', '行业类别', '招聘URL', '公司URL']
```

```
dict_write = csv.DictWriter(f_csv, fieldnames=fieldnames)
dict_write.writeheader()
error_time = 0  #判断职位名字中是否没有关键字的次数，这里定义出现 200 次时循环结束
```

（2）数据爬取。

```
for page in range(1,10+1):
    print(f'第{page}页抓取中……')
    try:
        time.sleep(random()*3)  #这里随机休眠一下(0-3秒)，简单反爬处理
        headers['User-Agent'] = UserAgent().Chrome
        response = requests.get(f'https://search.51job.com/list/000000,000000,0000,
00,9,99,{key_word},2,{page}.html',params=params, headers=headers,cookies=cookies)
        parse_data = re.findall('"engine_jds":(.*?),"jobid_count"',response.text)
#根据 "jobid_count" 获取每一项招聘信息
        parse_data_dict = json.loads(parse_data[0])
    except:
        print(f'\033[31m 第{page}页获取数据失败! \033[0m')
        print('\033[31m 可更换 cookies 后再尝试!!! \033[0m')
        continue
    for i in parse_data_dict:
        #处理异常，爬取多页时，可能是网站某些原因导致这里的结构变化
        try:
            companyind_text = i['companyind_text']
        except Exception as e:
            # print(f'\033[31m异常: {e}\033[0m')
            companyind_text = None
        dic = {
            '公司': i['company_name'],
            '职位': i['job_name'],
            '薪资': i['providesalary_text'],
            '工作地点': i['workarea_text'],
            '招聘要求': ' '.join(i['attribute_text']),
            '公司待遇': i['jobwelf'],
            '招聘更新时间': i['updatedate'],
            '招聘发布时间': i['issuedate'],
            '公司人数': i['companysize_text'],
            '公司类型': i['companytype_text'],
            '行业类别': companyind_text,
            '招聘 URL': i['job_href'],
            '公司 URL': i['company_href'],
        }
        if 'Python' in dic['职位名字'] or 'python' in dic['职位名字']:
            dict_write.writerow(dic)
            print(dic['职位名字'], '—保存完毕! ')
        else:
            error_time += 1
        if error_time == 200:
            break
    if error_time >= 200:
        break
print('抓取完成! ')
f_csv.close()
```

6.6.5　利用 pyecharts 进行数据可视化

1．使用柱状图

使用柱状图可视化 Python 招聘岗位所在城市的分布情况。

（1）导入库。

```
import pandas as pd
from pyecharts import options as opts
from pyecharts.charts import Bar
```

（2）读取 CSV 数据文件，并以 DataFrame 数据类型保存。

```
python_data = pd.read_csv('./testData_Python招聘信息.csv')
python_data['工作地点'] = [i.split('-')[0] for i in python_data['工作地点']]
city = python_data['工作地点'].value_counts()
```

（3）绘制柱状图，可视化招聘岗位所在城市的分布情况。

```
c = (
    Bar()
    .add_xaxis(city.index.tolist()) #城市列表数据项
    .add_yaxis("Python", city.values.tolist())#城市对应的岗位数量列表数据项
    .set_global_opts(
        title_opts=opts.TitleOpts(title="Python招聘岗位所在城市的分布情况"),
        datazoom_opts=[opts.DataZoomOpts(), opts.DataZoomOpts(type_="inside")],
        xaxis_opts=opts.AxisOpts(name='城市'),  # 设置 x 轴名字属性
        yaxis_opts=opts.AxisOpts(name='岗位数量'),  # 设置 y 轴名字属性
    )
    .render("bar_datazoom_both.html")
)
```

可视化结果如图 6-19 所示。

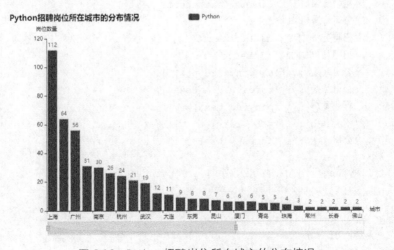

图 6-19　Python 招聘岗位所在城市的分布情况

2．使用饼图

使用饼图可视化 Python 招聘岗位的工作经验要求、学历要求。

（1）导入库。

```
from pyecharts import options as opts
from pyecharts.charts import Pie
import pandas as pd
```

（2）读取 CSV 数据文件，并以 DataFrame 数据类型保存。

```
python_data = pd.read_csv('. testData_Python招聘信息.csv')
require_list = []
rl = require_list.append
for i in python_data['招聘要求']:
    if '经验' in i:
        rl(i.split(' ')[1])
    else:
        rl('未知')
python_data['招聘要求'] = require_list
require = python_data['招聘要求'].value_counts()
require_list = [list(ct) for ct in require.items()]
print(require_list)
```

（3）绘制饼图，可视化招聘岗位工作经验要求的统计信息。

```
c = (
    Pie()
    .add(
        "",
        require_list,
        radius=["40%", "55%"],
        label_opts=opts.LabelOpts(
            position="outside",
            formatter="{a|{a}}{abg|}\n{hr|}\n {b|{b}: }{c}  {per|{d}%}  ",
            background_color="#eee",
            border_color="#aaa",
            border_width=1,
            border_radius=4,
            rich={
                "a": {"color": "#999", "lineHeight": 22, "align": "center"},
                "abg": {
                    "backgroundColor": "#e3e3e3",
                    "width": "100%",
                    "align": "right",
                    "height": 22,
                    "borderRadius": [4, 4, 0, 0],
                },
                "hr": {
                    "borderColor": "#aaa",
                    "width": "100%",
                    "borderWidth": 0.5,
                    "height": 0,
                },
                "b": {"fontSize": 16, "lineHeight": 33},
                "per": {
                    "color": "#eee",
                    "backgroundColor": "#334455",
                    "padding": [2, 4],
```

```
                    "borderRadius": 2,
                },
            },
        ),
    )
    .set_global_opts(
        title_opts=opts.TitleOpts(title="工作经验要求"),
        legend_opts=opts.LegendOpts(padding=20, pos_left=500),
    )
    .render("pie_rich_label.html")
)
```

可视化结果如图 6-20 所示。

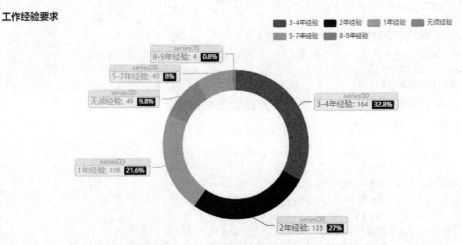

图 6-20　Python 招聘岗位工作经验要求

（4）绘制饼图，可视化招聘岗位学历要求的统计信息。

```
xueli_list = []
xl = xueli_list.append
for i in python_data['招聘要求']:
    if len(i.split(' ')) == 3:
        xl(i.split(' ')[2])
    else:
        xl('未知')
python_data['招聘要求'] = xueli_list
xueli_require = python_data['招聘要求'].value_counts()
xueli_require_list = [list(ct) for ct in xueli_require.items()]
c = (
    Pie()
    .add(
        "",
        xueli_require_list,
        radius=["30%", "55%"],
        rosetype="area",
    )
    .set_global_opts(title_opts=opts.TitleOpts(title="学历要求"))
    .render("pie_rosetype.html")
)
```

可视化结果如图 6-21 所示。

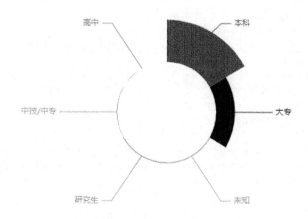

图 6-21　Python 招聘岗位学历要求

3. 使用折线图

使用折线图可视化 Python 招聘岗位薪资情况。

（1）导入库。

```
import pandas as pd
import re
```

（2）读取 CSV 数据文件，并以 DataFrame 数据类型保存。

```
python_data = pd.read_csv('. testData_Python招聘信息.csv')
sal = python_data['薪资']
xin_zi1 = []
xin_zi2 = []
xin_zi3 = []
xin_zi4 = []
xin_zi5 = []
xin_zi6 = []
for s in sal:
    s = str(s)
    if '千' in s:
        xin_zi1.append(s)
    else:
        if re.findall('-(.*?)万',s):
            s = float(re.findall('-(.*?)万',s)[0])
            if 1.0<s<=1.5:
                xin_zi2.append(s)
            elif 1.5<s<=2.5:
                xin_zi3.append(s)
            elif 2.5<s<=3.2:
                xin_zi4.append(s)
            elif 3.2<s<=4.0:
```

```
                         xin_zi5.append(s)
                 else:
                         xin_zi6.append(s)
xin_zi = [['<10k',len(xin_zi1)],['10~15k',len(xin_zi2)],['15<25k',len(xin_zi3)],
         ['25<32k',len(xin_zi4)],['32<40k',len(xin_zi5)],['>40k',len(xin_zi6),]]
```

（3）绘制折线图，可视化 Python 招聘岗位薪资情况统计信息。

```
import pyecharts.options as opts
from pyecharts.charts import Line
x, y =[i[0] for i in xin_zi],[i[1] for i in xin_zi]
c2 = (
     Line()
     .add_xaxis(x)
     .add_yaxis(
         "Python",
         y,
         markpoint_opts=opts.MarkPointOpts(
              data=[opts.MarkPointItem(name="max", coord=[x[2], y[2]], value=y[2])]
#name='自定义标记点'
         ),
     )
     .set_global_opts(title_opts=opts.TitleOpts(title="薪资情况"),
                       xaxis_opts=opts.AxisOpts(name='薪资范围/千元'),  # 设置x轴名字属性
                       yaxis_opts=opts.AxisOpts(name='数量/个'),  # 设置y轴名字属性
                       )
     .render("line_markpoint_custom.html")
)
```

可视化结果如图 6-22 所示。

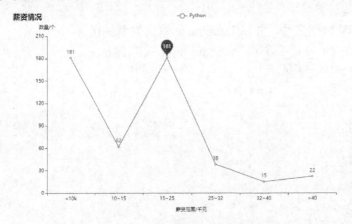

图 6-22　Python 招聘岗位薪资情况

习　题

一、选择题

1. 下列关于 NameNode 和 DataNode 的介绍，错误的是（　　　）。

　A．NameNode 是主节点，保存着整个系统的元数据

B．NameNode 管理文件系统的命名空间

C．DataNode 负责协调整个 HDFS 存取

D．DataNode 是从节点，在本地文件系统中存储文件的块数据

2．关于 Hadoop MapReduce 的执行过程，以下（　　）顺序正确。

A．输入→Reduce→Shuffle→Map→输出　　B．输入→Map→Shuffle→Reduce→输出

C．输入→Shuffle→Map→Reduce→输出　　D．输入→Map→Reduce→Shuffle→输出

3．HBase 是（　　）。

A．关系数据库　　　B．列族数据库　　　C．文档数据库　　　D．图数据库

4．（　　）是指从大量数据中揭示出隐含的、先前未知的并具有潜在价值的信息的过程。

A．Hadoop　　　　B．数据挖掘　　　C．数据可视化　　　D．机器学习

5．（　　）通过简洁且直观的点、线、面组成的图形直观地展示数据信息，可以帮助人们快速捕获和保存信息。

A．数据可视化　　　B．数据挖掘　　　C．人工智能　　　D．机器学习

二、填空题

1．_____是研究人类世界的事物和事物之间的关系，并对其进行描述、刻画、分析和计算的一门技术。

2．_____通过实时获取来自不同数据源的海量数据，经过实时分析处理，获得有价值的信息。

3．MapReduce 和 Spark 都是用于处理海量数据的，但是在处理方式和处理速度上存在着差异，_____是基于磁盘处理数据的，_____处理数据是基于内存的。

4．_____是通过各种技术手段采集外部各种数据源产生的实时或非实时的数据。

5．常用的数据预处理方法包括_____、_____和_____等。

三、简述与分析题

1．简述大数据分析的主要流程。

2．解释 HDFS 中 NameNode 和 DataNode 的作用。

3．简述大数据有几种计算类型，分别解决什么问题。

4．请论述 Hive 与关系数据库的区别。

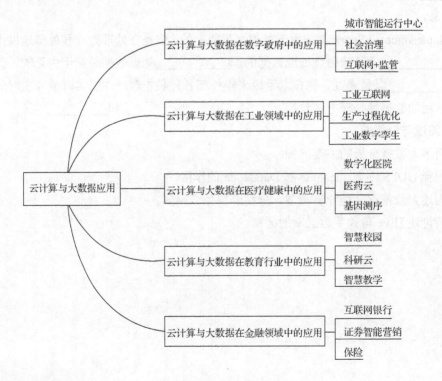

第 7 章　云计算与大数据应用

随着现代信息科技的发展，计算机技术已经全面覆盖经济生活的各个领域，大数据与云计算技术使信息技术向更加广阔的领域发展。本章将通过云计算与大数据技术的发展特点，详细介绍云计算和大数据在数字政府、工业领域、医疗健康、教育行业以及金融领域等方面的应用，进而为它们的综合实践奠定基础。

【本章知识结构图】

```
                                          ┌─ 城市智能运行中心
                        云计算与大数据在数字政府中的应用 ─┼─ 社会治理
                                          └─ 互联网+监管

                                          ┌─ 工业互联网
                        云计算与大数据在工业领域中的应用 ─┼─ 生产过程优化
                                          └─ 工业数字孪生

                                          ┌─ 数字化医院
云计算与大数据应用 ──── 云计算与大数据在医疗健康中的应用 ─┼─ 医药云
                                          └─ 基因测序

                                          ┌─ 智慧校园
                        云计算与大数据在教育行业中的应用 ─┼─ 科研云
                                          └─ 智慧教学

                                          ┌─ 互联网银行
                        云计算与大数据在金融领域中的应用 ─┼─ 证券智能营销
                                          └─ 保险
```

【本章学习目标】

（1）了解云计算与大数据在各行各业的应用。

148

（2）熟悉云计算与大数据的应用架构。

（3）能够利用云计算与大数据技术设计和规划业务应用。

7.1 云计算与大数据在数字政府中的应用

7-1 云计算与大数据在数字政府中的应用

政府数字化转型是大势所趋，数字政府建设关乎数字经济发展的促进力，受到全国各级政府、企业和广大民众的关注。云运营企业联合生态合作伙伴，利用云计算、AI、大数据等新一代信息技术构建数据智能的能力，建设智慧城市，为城市治理现代化提供决策支持和精细化管理能力。

7.1.1 城市智能运行中心

城市智能运行中心（以下简称"城运中心"）是以城市数据为驱动的，智能化的运行、管理、指挥、调度、评价中心。城市智能运行中心从数据、能力和机制 3 个方面助力城市精细化治理，为城市治理建立起跨部门的场景、事件、业务、数据等高度协同、闭环处置、全域管理的智能运行体系。阿里云城市智能运行中心架构如图 7-1 所示。

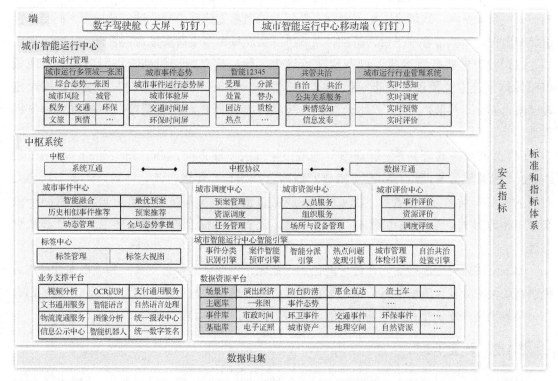

图 7-1 阿里云城市智能运行中心架构

城市智能运行中心的优势：

（1）数据汇聚，实现对城市数据、基础设施的统筹管理与运营，打通城市信息"大动脉"；

（2）协同应用，实现城市运行状态的全面感知、态势预测、决策支撑，打造城市运行"大脑"；

（3）支撑联动，实现城市跨部门事件联动与业务协同，打造"平战结合"的"大联动"；

（4）支撑展示，实现城市创新成果的综合展示，打造能复制、可推广的宣传"大窗口"。

以"保持城市机体健康、推动城市快速发展"为核心职能定位，在城市运行上实现"全量城市事件的智能化高效处置协同"，在城市运营上实现"城市发展规划中涉及大协同的目标的分解落地"。城市智能运行中心是城市"大脑"实现城市精细化治理和落实城市发展规划需求的重要抓手，可以完成城市运营的感知重塑、流程重塑和服务重塑。

（1）城市运行态势全局掌控。建设城市运行指数和城市体征，对城市事件的热度、处置情况等进行时空聚合分析与展示，通过整合信息、事件与工作流，实现从城市日常整体态势感知到突发事件应急联动指挥的无缝对接，辅助管理人员加大安全风险管控力度和提升处置突发事件的效率。

（2）全量事件协同处置。通过感知重塑、流程重塑、服务重塑等，实现城市全量事件感知汇聚、全量资源在线调度，城市治理事件以职能清单为依据引导联动，让城市大脑自动派遣城市事件，以城市管理平台为基础扩展服务，实现城市全生命周期协同管理。

（3）城市发展智慧运营。城市治理场景化运行，建立跨部门高效协同机制，实现城市感知体系全方位覆盖，城市事件智能分析协同，实现"一网管全城"的理念，同时建设"舒心就医""惠企直达""防台防汛"等城市特色场景，实现跨部门数据协同和流程再造。

（4）公共服务共管共治。群众参与是城市治理的发展方向，IOC（Intelligent Operations Center，智慧城市智能运行中心）搭建互联网公益平台，促进自治、共治，让更多社会力量成为"参与者""建设者"，实现人人理解城市治理、人人参与城市治理。这有助于重塑城市治理体系，实现城市管理"共治"化，还有助于提升群众参与热情，提升群众满意度。

（5）终端体验全面触达。通过智能化、行业化、移动化的办公工具，为城市事件参与者提供移动化的处置全流程服务。运营端基于"钉钉"建设，与钉钉协同互补，利用钉钉已有办公服务为用户提供行业化和场景化的应用服务，实现"1+1>2"的效果。

7.1.2　社会治理

利用实时、全量的社会数据资源全局优化城市公共资源，通过城运中心、城市中台与城市领域应用组成强大的"脑"，在市民、企业、政务灵活的端设备支持下实现全面治理和全包围服务，实现城市治理模式突破、城市服务模式突破、城市产业发展突破，打造全新的数字经济基础设施。社会治理架构如图 7-2 所示，阿里云以业务数据化、数据智能化为手段，打造以"动态感知、数据融通、全域智能、高效协同、精确指挥"为目标的新一代社会精细化社会治理体系。

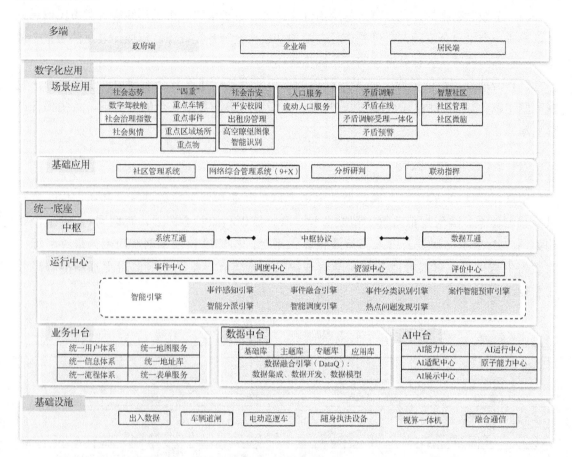

图 7-2　社会治理架构

社会治理架构的优势：

（1）数字化感知体系，通过建设居民端的应用，提供物业服务、政务服务以及商业服务等，形成数据闭环；

（2）联动处置体系，通过钉钉、PC 等处置端，对事件进行相应的签收、流转、处置、办结等处理；

（3）协同指挥体系，基于"一张图"可视化技术呈现救援信息要素，实现对各类人员、资源等的可视化精准调度。

社会治理架构方案优势：

（1）全域业务感知，实现社会治理信息、车辆信息、房屋信息、感知设备点位运行情况、区域整体状况、异常事件即时告警信息等的全域感知；

（2）精准风险防范，围绕核心场所和相关信息源，对基层主动识别、百姓投诉、系统关联等群体进行分层、分级管理，让基层网格有目标、有重点地建立提示、预警、核心关注的多级管理和风险防范圈；

（3）智能化矛盾调解，实现专业问题专业人员办的效果，同时建立劳动、婚姻、财产等方面的专家库，加快百姓的大小矛盾化解，预防矛盾升级；

（4）全域联动指挥，充分整合基层治理志愿者、市长信箱、市民热线等各类市民信息来源，形成一个平台全受理，充分整合社会治理基层力量等各类资源，形成一套执法力量全覆盖、全市部门联动、执行处置全闭环化的指挥体系；

（5）治理部门协同枢纽，以大数据和人工智能为基础建设社会治理协同工作平台，发挥大脑中枢作用，将协同的数据有效共享，在保证网络、数据安全的前提下，大幅提升办事效率。

7.1.3　互联网+监管

构建互联网+监管平台，通过监管系统互联、互通和监管数据共享、共用，构建监管风险预测体系，实现规范监管、精准监管、联合监管和监管全覆盖。互联网+监管平台架构如图 7-3 所示，阿里云引入海量数据算力平台，构建以各领域创新应用为最终目标的大数据生态体系，对监管业务和科学管理决策进行仿真，推动政府监管更加精准、高效和智能。

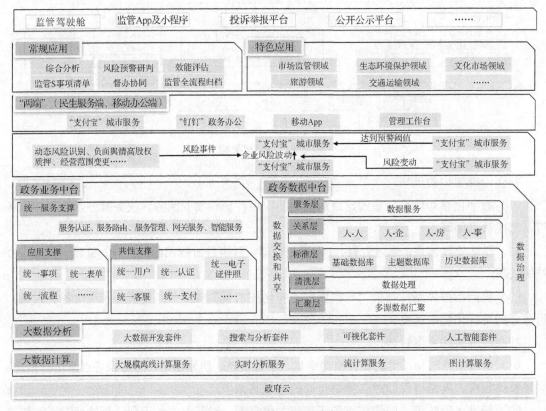

图 7-3　互联网+监管平台架构

互联网+监管平台架构的优势：

（1）强大的基础计算能力，以"大脑"底座为支撑，提供强大的存储、计算能力；

（2）强大的大数据处理能力，基于强大的数据中台和算法体系，实现数据智能融合；

（3）精准的风险预警能力，基于阿里信用模型，构建风险模型，高效预警。

互联网+监管平台架构方案优势：

（1）监管全覆盖可追踪，全流程监管，事前、事中、事后监管全覆盖，通过信息归档留痕规范各部门监管内容、监管流程，让监管可跟踪、可追溯；

（2）预警研判、智慧监管，新思维、新技术驱动监管创新，通过大数据分析、人工智能和算法模型等，优化监管事项及流程，实现预警研判，让监管更智慧；

（3）"以评促管"使监管更高效，对监管绩效进行评价打分，促进监管部门改进履职情况，监管数据更加开放、共享。

7.2　云计算与大数据在工业领域中的应用

工业智能是新一代 ICT（Information Communications Technology，信息与通信技术）与制造业深度融合的产物，以数据为核心要素实现全面连接，构建全要素、全产业链、全价值链融合的新制造体系和新产业生态，是数字化转型的关键支撑和重要途径；以数据闭环为核心，通过对物理资产的全面深度感知，实现海量工业数据的高效集成与管理，开展对各类工业模型与数据模型的构建与分析，形成优化决策并反馈至物理系统，驱动制造业智能化转型；联合行业合作伙伴，面向所有数字化转型的工业企业，剖析方案架构原理、挖掘通用之处，启发更多企业打造更加全面、智能的创新解决方案；推进工业智能理解和遵循工业规律，真正以业务场景为驱动，始终关注提质、降本、增效等，给企业带来切实的业务价值。

7-2　云计算与大数据在工业领域中的应用

7.2.1　工业互联网

围绕为企业降成本、为经济谋发展的定位，工业互联网以助力智能制造、推动企业上云、构建产业互联为核心功能，有力推动工业产业数字化转型。根据城市产业特征，定制工业行业大数据平台，运用云数据智能驱动产业智能化变革，形成新的模式和新的业态，打造城市专属级工业互联网平台。图 7-4 所示为腾讯云工业互联网平台架构。

工业互联网平台架构的优势。

（1）丰富生态。腾讯云工企互联（工业互联网平台）解决方案多场景、全方位地发展连接生态与供给生态，其中连接生态打通微信、企业微信、小程序与公众号，共享微信能量。供给生态集合腾讯云市场、东方金信、震坤行工业超市与富士康工业互联网平台等内外部伙伴，整合资源，为建设公司、行业及地方区域等不同层级的工业互联网平台提供源源不断的资源储备。

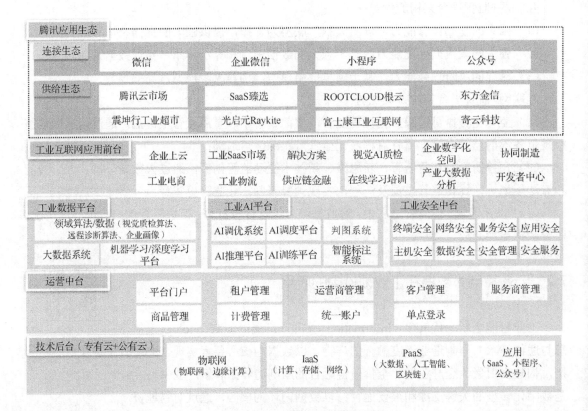

图 7-4 腾讯云工业互联网平台架构

（2）海量应用。工业互联网应用前台中的工业 SaaS 市场服务于企业场景业务；协同制造匹配供需信息；供应链金融增强产业链上下游流动；在线学习培训打造企业低成本的丰富的学习库；开发者中心搭建区域级研发平台；产业大数据分析关注区域产业发展态势与趋势研判。海量前端应用助力平台用户"一端云游，轻松上云"。

（3）先进平台。工业数据平台聚焦大数据领域的前沿算法并应用于工业实际场景；工业 AI 平台充分发挥腾讯 AI 研究成果在工业领域质检、预测性维护、故障检测及质量监测等场景中的应用价值；工业安全中台凝聚腾讯 20 年的安全产品能力积淀成果；运营中台为平台应用提供灵活、稳定的运营支撑系统。

（4）稳固后台。腾讯云工业互联网平台搭建专有云与公有云相结合的稳固技术后台，集结物联网与边缘计算技术，IaaS 层应用腾讯云优质的计算、存储与网络资源，PaaS 层采用腾讯云在大数据、人工智能与区块链领域前沿的科技成果，奠定腾讯云工业互联网平台的稳固基石。

7.2.2　生产过程优化

工业生产过程都存在多个工序，每个工序依赖基于工艺机理给出的优化的参数配置建议。传统工业领域的决策优化也大多基于工艺方面的持续挖掘，但这条路径由于过长时间的挖掘，优化空间已经接近"天花板"。基于 AI 的数据驱动在解决非线性、多工序、全局优化类问题时有独特优势。化工生产大数据平台如图 7-5 所示，依托阿里云强大的云计算、物联网与大数据技术，建立化工大数据平台，对企业生产设备、运营的数据进行数据价值挖掘，帮助企业优化工艺、降低人力成本、提高生产安全性。

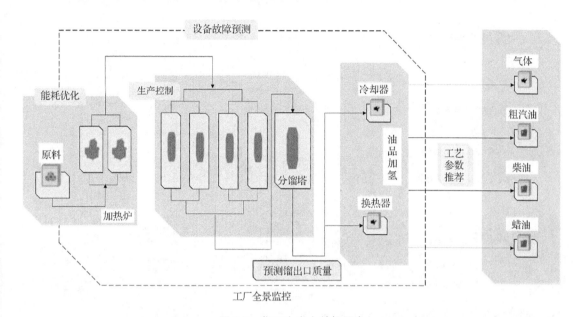

图 7-5　化工生产大数据平台

借助工业大脑算法平台与知识图谱技术为客户建立大数据分析平台，可实现生产/控制参数优化，关键机组设备预防性维护，长输管线泄漏预警，装置/全厂能耗优化，产业链协同/供应链优化，产品质量预测，市场/消费者行为画像分析等。此外，利用知识图谱技术，可进行预防性维护，从而推进全厂智能优化。

（1）降低燃料消耗。收集加热炉的实时数据，辨识加热炉内油温、送风量、给煤量的模型，并通过实时控制和优化的算法进行强化学习，稳定控制炉内油温，降低燃煤消耗。

（2）控制参数优化。优化塔底温度/蒸汽量、塔产品分布、反应深度，减少设备参数、设备健康状态、环境因素等各个方面的影响，综合推荐最优工艺参数，降低生产成本，提高生产效率。

（3）节省更多成本。预估/优化催化剂寿命，优化装置/介质能耗，减少设备总体运行时间，延长设备寿命，提高人员运维水平，节省人力成本。

7.2.3　工业数字孪生

工业数字孪生是以人工智能技术为手段，结合空间地理信息技术，自主研发出的全产业链的数字孪生一站式服务，并通过综合运用数字技术和物联网技术为数据赋能，驱动"智能+"在各个细分领域的渗透，为工业 4.0 和行业客户提供全产业链的数字孪生（Digital Twin）解决方案。数字孪生产品平台采用阿里云自研的工业可视化孪生平台，如图 7-6 所示，高度融合模块化的可视化框架引擎，支持阿里巴巴达摩院、数据智能算法引擎、全息影像等可视化技术，支持成像技术实现的高可用的数字孪生平台，可实现数字、业务、智能、感知的全面可视化智能应用，支撑工厂、车间、产线的智能化转型升级，低代码可视化搭建，数据源管理，实时动态数据接入，产品体系全链路打通，灵活的交互事件定义。

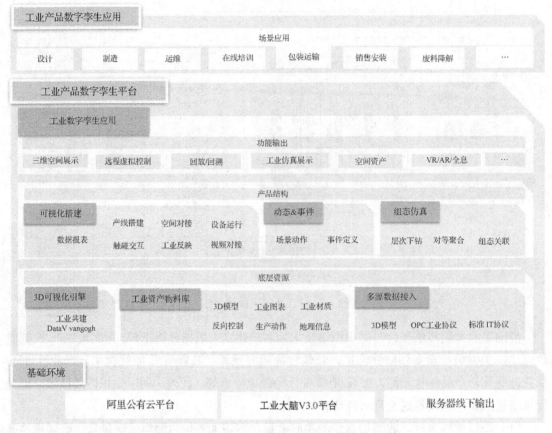

图 7-6　工业可视化孪生平台

工业可视化孪生平台的优势：

（1）高还原度的工业可视化平台、智能孪生平台，能高度仿真实际生产状态，随着数据的积累打造基于大数据的智能可视化应用；

（2）实时数据驱动的仿真洞察，采集有限的物理传感器指标的直接数据，通过数据可视化建模对比分析，实时展示现实环境的具体生产情况；

（3）与 VR/AR（Virtual Reality/Augment Reality，虚拟现实/增强现实）能力融合，通过 VR 和 AR 功能引擎组件，可以全面打造虚拟的动态场景，构建相应的场景空间及增强空间；

（4）融合 AI/仿真能力，基于数字技术驱动的可视化虚拟仿真环境，具备融合设备健康诊断、工业控制、数理仿真模拟的能力。

7.3 云计算与大数据在医疗健康中的应用

7-3 云计算与
大数据在医疗健康
中的应用

"健康中国"将人民健康提升作为国家战略，面对医疗服务、疾病预防、政府监管、健康管理、慢病管理、分级诊疗以及药物保障、医疗保障等方面的诸多痛点、难点，为应对复杂而多变的挑战，以及应对快速数字化转型需求，应以技术核心能力不断支持大健康应用发展，提供全方位医疗健康体系建设的整体解决方案；重点解决信息的互联互通、数据整合、数据治理、标准规范、数据挖掘探索、全健康服务模型的构建与完善、业务的协同联动等；打造健康医疗数据资源共享、利用、再生产的数据生态循环，带动整个健康医疗服务模式和管理模式的创新，推动大健康服务业实现多方参与、共建共治、公平共享、服务规范、线上线下一体化的新格局。云医疗健康行业解决方案利用大数据、云计算、人工智能等技术，致力通过医疗大数据应用提升区域医疗机构的服务能力，推动提高区域医疗资源配置效率，最终提升居民个人健康水平。

7.3.1 数字化医院

根据国家智慧医院评级标准要求，医疗机构要围绕着智慧医疗、智慧服务和智慧运营 3 个方面展开医疗服务和信息化能力建设。传统的医疗信息化建设容易导致单点故障和数据孤岛，并无法全面开展互联网+医疗服务，通过数字化医院解决方案和全栈混合云方案，帮助医疗机构构建统一的云平台底座，可实现核心业务和互联网业务的分级部署，实现数据的互联互通和共享，实现业务系统和 IT 系统运行的实时监控和智能运维，实现基于全量数据的科学决策，以满足"新等保" 2.0 安全等级测评要求。

华为云数字化医院解决方案架构如图 7-7 所示。基于华为混合云方案帮助大型医院客户构建全栈云平台底座，通过自研芯片、计算、存储、网络、安全、数据库等技术构建 IaaS 层能力；通过中间件服务、大数据分析、ROMA 集成平台、人工智能、区块链等技术构建 PaaS 层能力；通过 WeLink、云桌面、云视讯等构建敏捷、高效的医疗 SaaS 应用；支持医院数字化转型和平台架构的长期演进。

华为云数字化医院解决方案基于 OpenStack 云计算开源框架，打造统一的、全栈的混合云架构，以满足医疗业务的弹性拓展需求，可通过云联邦实现多云平台接入和管理，并对部分第三方设备进行异构纳管（白名单管理）；云安全服务按需使用，自动获取，利用安全专家服务可帮助客户完成系统评估、整改优化、等保测评全流程，轻松满足等保安全要求；数据库支持单机、主备和集群多种模式，可保证业务稳定运行，支持整机系统和数据的安全备份，保证数据不丢失；云边端协同，AI 几乎无所不及，影像 AI 和大数据分析等场景支持将智能设备部署在边缘侧，满足医疗 AI 业务低时延及数据本地化的要求；IoT 平台、ESB（Enterprise Service Bus，企业服务总线）技术使院内设施互联成为可能，不仅支持业务系统和数据库等常规接入，还支持考勤、安防等物联网设备的实时接入和海量数据的交互，为院内系统集成和数据互联互通解决了后顾之忧。

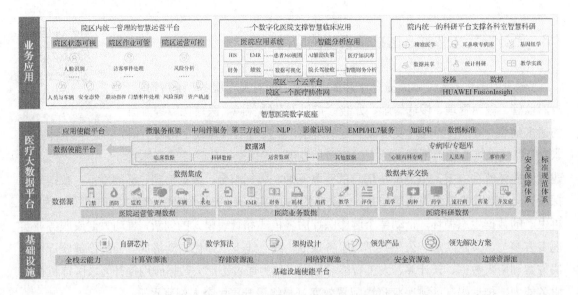

图 7-7　华为云数字化医院解决方案架构

华为云数字化医院解决方案架构优势如下。

（1）可本地化部署的医疗专属云平台。华为云 Stack 混合云遵循统一架构、统一 API、统一运维，既满足医疗机构本地化部署需求，又支持云端业务弹性扩展、医疗机构云平台长期平滑扩展。

（2）一站式医疗 AI 开发应用平台。基于深度学习、NLP（Natural Language Processing，自然语言处理）、知识图谱等人工智能技术，可帮助医疗机构客户零基础进行医学影像标注、AI 模型训练快速构建，生成 AI 推理算法，为医生提供 AI 辅助，提高临床治疗效率、降低疾病误诊率/漏诊率。

（3）一体化医疗数据集成平台。结合医疗数据标准制定经验及基于 HL7（Health Level Seven，卫生信息交换标准）等业界标准遵从的 ESB 技术，基于华为云 ROMA 集成平台，可实现医疗应用系统、云上和云下的互联互通，帮助医院实现系统集成、数据互通、设备级联。

（4）一站式云端数字化办公平台。华为云的 WeLink 服务作为医疗机构日常办公的入口，能实现消息、电话、会议、邮件等功能的集成，整合医院的办公系统，帮助医疗机构工作人员随时随地移动办公，实现高效协同。

7.3.2　医药云

从全球范围趋势来看，由于政策、市场以及企业自身意愿的诸多影响，制药企业、流通企业、连锁药店等都在积极转型。中国要实现从"医药大国"走向"医药强国"的转变，除了需要国家政策的支持，医药企业自身的信息化升级也非常重要。医药领域有很多专业软件系统，包括实验室系统、临床系统、药品追溯系统、药物警戒系统、医药营销系统等，未来企业的 GMP（Good Manufacturing Practice，药品生产管理规范）、GSP（Good Supply

Practice，产品供应规范）执行情况将直接与药品生产许可和经营许可挂钩。医药云解决方案以"合规+医药 AI"为基础，贯穿医药研发到配送的全流程，聚焦场景化方案以助力医药行业转型升级。

医药云解决方案整体设计包括基础服务、平台服务和业务应用。其中基础服务和平台服务由华为云提供，业务应用由 ISV（Independent Software Vendors，独立软件开发商）或第三方合作伙伴提供。华为云自身符合医药 GxP 合规，业务应用均采用医药行业内 TOP 级合规。医药行业解决方案架构如图 7-8 所示。该解决方案通过华为云平台与流程合规满足医药合规要求，通过 EI（Edge Intelligence，边缘智能）能力提升药物研发效率，通过提供底层 IaaS 运维服务保障系统稳定运行并简化运维，通过与合作伙伴共同验证交付保证各类业务的快速上线。

图 7-8 医药行业解决方案架构

医药行业解决方案架构优势如下。

（1）满足医药合规要求并发布 GxP 合规白皮书。华为云通过了 50 多个海内外合规认证，在质量流程体系、研发体系、运维、培训、安全等方面满足医药合规性，并联合业界知名医药咨询公司发布 GxP 合规白皮书。

（2）药物研发辅助平台提升药物研发效率。药物研发辅助平台通过人工智能构建药物模型，覆盖数据、分析、建模、应用全流程，做选型、做推理、做预测，为药物研发提供辅助，从而提升新药研发效率、降低药物研发成本。

（3）医药月结/年结资源自动弹性扩展。系统自动监控核心业务系统资源使用状态，当系统负载超出阈值时自动触发扩容，扩容自动按需付费，灵活使用，实现将系统资源利用率控制到最高，成本控制到最低。

（4）简化医药核心业务运维流程，云上提供免费 SAP 运维管理平台，系统自动安装部署/自动备份恢复；云端资源自动维护、资源和业务进程实时监控、故障告警及时通知，最大限度地降低运维成本，减少故障发生次数，保证医药业务连续性。

7.3.3 基因测序

"十三五"规划中明确提出将精准医疗列为战略性新兴产业，基因测序作为精准医疗的重要组成部分，在业务流程中需针对海量的基因组学数据进行计算、存储和大数据分析等工作。各云服务提供商面向客户打造高效、敏捷和智能的一站式基因测序解决方案，助力行业快速进入"基因+云"时代。从 CPU 算力，到异构计算加速，通过容器、FPGA（Field Programmable Gate Array，现场可编程门阵列）、GPU（Graphics Processing Unit，图形处理单元）、大数据和分布式等技术缩短分析耗时，已逐渐成为趋势且部分软件被广泛商用。从本地存储和硬盘邮寄，到网络交互，生物基因分析全过程的数据量巨大，依托 5G 和网络存储的高带宽、高可靠和海量资源进行数据的传输、分享、备份和归档，已逐步成为行业事实。从数据归档，到数据应用，基因数据量级剧增，归档存储的成本递增，随着大数据、人工智能和区块链技术在行业内的应用，"基因+"的跨界信息融合为企业提供了商业创新模式，如基因体检、基因保险、基因创新药等。

华为云基因数据 AI 使能架构如图 7-9 所示，华为云基于云计算、大数据和人工智能的技术优势，为基因测序、临床研究和药物研发分析等提供多维一体化的医疗智能体解决方案。该架构提供一站式集成化的测序分析平台，具有丰富的项目权限和用户角色管理体系，大规模混合集群的流程调度；兼容高性能集群和容器方案，单集群同时支持 CPU、GPU 和 NPU（Neural-network Processing Unit，神经网络处理单元）等异构框架；完善、灵活的容器化流程编排，支持 EB 级对象存储和万级条目数据库的构建和秒级查询；内置应用市场，开箱即用，支持分享；智能化平台，融合大数据、人工智能和知识图谱能力，预置 AutoGenome 等高阶基因组和多组学自动建模工具；具备多种部署形态，支持各类硬件基础设施资源，支持公有云、HCSO（HUAWEI CLOUD Stack Online，全栈专属云）同架构部署。

华为云基因数据 AI 使能架构优势如下。

（1）一键租赁海量资源，可从容应对业务旺季。多种规格的计算资源和存储资源按需使用，可精准匹配不同流程的 IT 资源需求，相同流程的成本最高可节省 30%。

（2）一图展示资源消耗，可精准核算项目账单。提供资源热力消耗图、实时资源监控图和项目资源清单，辅助用户多维度分析、审计和优化资源使用现状，提升资源的有效利用率。

（3）一体管理流程版本，可快速复现历史流程。提供版本管理、结果查询和过程日志等辅助功能，支持一键选择流程版本号和样本路径，秒级查看和运行历史流程。

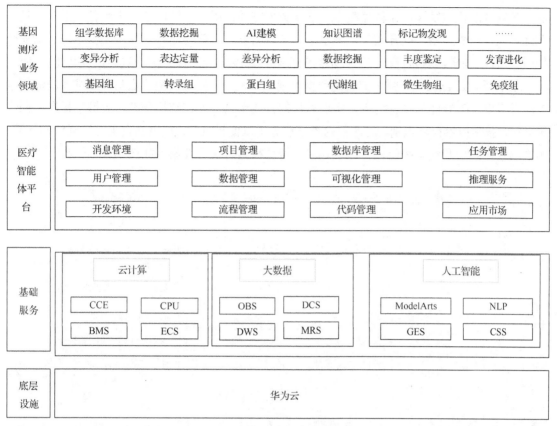

图 7-9 华为云基因数据 AI 使能架构

7.4 云计算与大数据在教育行业中的应用

7-4 云计算与大数据在教育行业中的应用

教育信息化 2.0 行动计划提出到 2022 年基本实现"三全两高一大"的发展目标,即教学应用覆盖全体教师、学习应用覆盖全体适龄学生、数字校园建设覆盖全体学校,信息化应用水平和师生信息素养普遍提高,建成"互联网+教育"大平台。人工智能、大数据、区块链等技术迅猛发展,改变了人才需求和教育形态。云服务提供商通过云计算、大数据、物联网、人工智能、实时音视频、VR等技术重构教育体系,面向高校、K12(Kindergarten through twelfth grade,学前教育至高中教育)院校、政府机构、培训机构等客户,提供人才培养、科研创新、智慧校园、在线教育等场景化解决方案;借助大数据探索教育、教学规律和学习者成长规律,用大数据支撑教育科学决策;借助人工智能等技术为学习者推荐个性化的学习资源,实现学习者的个性化学习等,加快实现教育行业智能化转型,提升教育质量,促进教育公平公正。

7.4.1 智慧校园

智慧校园解决方案运用成熟的中台驱动业务能力引入互联网运营、创新教学模式等来促进义务教育的优质发展，让教育教学全场景数据贯通；用人工智能使师生减负、增效，促进人性化人才培养策略，提升教育治理水平，实现新管理、新沟通、新课堂、新学习、新安全"五新教育"场景，全力推动信息技术与教育教学深度融合，推进优质教育资源共建、共享。

基于阿里云 DataV 等强大的敏捷数据可视化开发工具，可以快速定制各个维度的洞察报告；课堂以 IoT 智能化设备为主，实现教师的在线录播、课程结构分解、关键字提取、同声传译等；教学内容自动识别，对课程内容精选分析以便于复习；摄像头自主与数据协同计算，实现场景化响应和动态智能化管理。阿里云智慧校园解决方案架构如图 7-10 所示。

图 7-10 阿里云智慧校园解决方案架构

阿里云智慧校园解决方案架构优势如下。

（1）家庭与校园的连接桥梁。通过阿里云教育大数据将学生在校情况、成长轨迹等信息进行收集汇总，直接通过手机传达给家长，家长可以轻松、快捷地获取学生最新动态。

（2）可减轻教师工作量。教师可以随时随地进行工作审批，学校事项也可以提前安排，做到交流、沟通"零"距离，方便教师各种教学管理高效、准确、快捷地进行。

（3）后勤助手，可减轻工作负担。对于设备维护、财务清算、教育辅导等都可以自动管理，方便操作与查看，是减轻学校工作负担的"小帮手"。

7.4.2 科研云

科研云针对不同的用户视角，为学校领导（包含科研管理部门和财务部门领导等）、科研团队（包含项目负责人、科研秘书、项目组成员）、信息中心老师，提供 3 个主要平台：运营平台、开放平台、科研协同平台。科研云采用混合云架构，通过轻虚拟运营商和资源共享模式实现对科研资源的统一管理、统一运营，结合科研协作平台、统一的科研管理流程，实现了成本降低、效率提升的目的，并通过科研合作和生态构建科研创新"土壤"，真正实现了科研无边界。阿里科研云架构如图 7-11 所示。

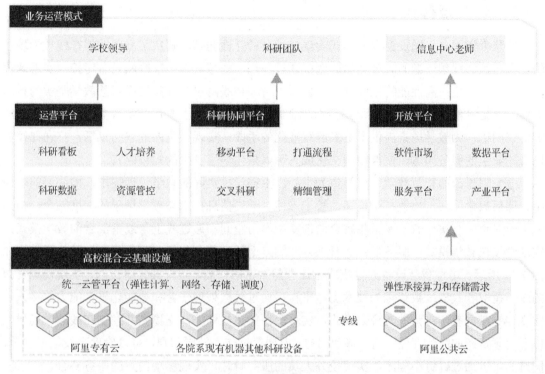

图 7-11 阿里科研云架构

阿里科研云架构的 3 个平台说明如下。

（1）运营平台。数据分析提供围绕科研场景及资源全流程的数据统计，混合云资源管控更多面向资源和算力的统一监控和管理，降低维护成本，提高利用率。

（2）科研协同平台。主要解决科研流程中系统、服务、数据割裂的问题，实现单平台的服务集成。

（3）开放平台。为科研团队提供更多的工具和服务，实现科研环境的一键安装。

阿里科研云架构优势如下。

（1）创立科研新模式。采用混合云架构，通过轻虚拟运营商和资源共享模式实现资源的统一管控和统一运营，并重新塑造高校科研云服务的使用模式，面向不同学科打造不同的云服务特色资源包，降低使用门槛，提高科研效率。

（2）打造网上科研空间。基于科研协同平台，围绕科研项目的全周期实现统一平台的服务、流程和数据的打通，如科研申报、资源申请、差旅服务、财务审批、项目审核等，实现网上科研数字化。

（3）构建科研生态。通过专业领域的生态伙伴，为高校科研提供丰富的科研软件和开放数据集，帮助高校降低成本，快速构建科研环境，完成科研目标。

（4）提升高校科研能力。通过专业领域的生态伙伴，为高校提供面向高校学生的人才培养计划，提供多门类、多学科的课程内容和学习计划，为老师和学生提供众多性价比高的资源和服务，为高校增强科研能力提供基础保障。

7.4.3　智慧教学

智慧教学平台，通过混合云模式实现资源层的弹性伸缩，解决了高并发的在线教学场景的资源瓶颈和视频资源的海量存储问题；通过与线下智慧教室的物联网设备对接，实现课程资源的统一汇集；高性能的视频处理、数智平台和物联网平台共同构成智慧教学坚实的技术支撑；中文字幕、协同笔记、图像处理、"金课"提取以及基于海量教学数据和学习数据形成的知识图谱，为教学场景提供了更多的智能化的手段；实现小班课的双向直播，打通在校生以及毕业生的服务通道，使得校园文化成为可以陪伴学生一生的知识财富。

基于阿里云的智慧教学，以学生为中心，根据学校实际的教学管理需求，围绕课前、课中、课后教学闭环，集教、学、评、管于一体，通过信息技术与教学场景的深度融合，构建线上学习空间与实体教学课堂相融合的创新型学习空间，通过线上与线下混合的教学模式，实现学校在教学模式、服务形式、管理方式等方面的变革与创新。阿里云的智慧教学架构如图 7-12 所示。多种智慧设备通过集成主流智慧教室的厂商，实现其无缝接入，实现视频资源的统一拉取和收集；数智化的技术支撑平台，通过数据处理平台和智能化平台能力的接入，实现 AI 赋能教学；弹性混合云模式，实现资源的弹性伸缩，支撑高并发的在线教学场景，以及视频资源的海量存储；统一移动门户，专属钉钉作为校园门户，可以确保高校数据安全，同时又可以通过钉钉小程序，实现校外人员的服务触达，实现移动门户的服务整合。

阿里云的智慧教学架构优势如下。

（1）教学过程全数字化。覆盖高校全教学场景的端到端的解决方案，包含慕课、在线互动等在线教学场景和翻转课堂、大班课的线下教学场景，拓宽了教学的边界，实现教学过程的全数字化。

（2）智能化提高教学效率。通过智能化的方式提高教学效率，增强教学互动；基于语音识别、知识图谱、图像识别等技术提供一系列的智能化工具，包括实时翻译、中文字幕、"金课"提取、学生图谱、协同笔记、互动课堂等。

（3）混合云架构支撑高并发教学场景。通过混合云架构，实现资源的弹性伸缩，支撑高并发的在线教学场景；对线上和线下视频资源的统一采集和混合云存储，可实现教学资源的低成本保留，为教学分析和挖掘提供数据支撑。

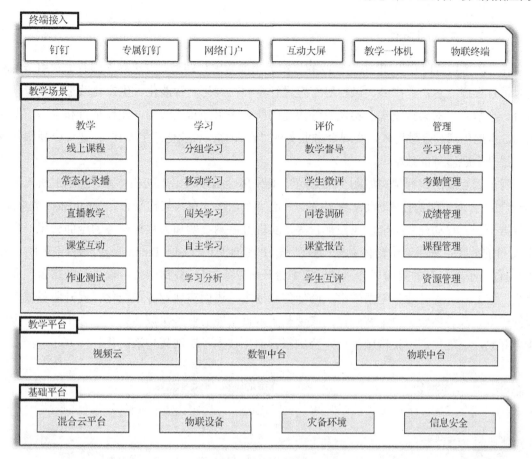

图 7-12 阿里云的智慧教学架构

7.5 云计算与大数据在金融领域中的应用

7-5 云计算与
大数据在金融领域
中的应用

云计算、大数据、物联网、人工智能等技术的快速发展,推动了传统金融行业进行深刻的业务变革,金融科技对传统金融进行的全业务流程的重塑,将会极大改变行业格局,为用户带来全新的业务体验。"数字化时代"的到来,为业务场景和模式带来了机遇和挑战,金融机构的创新、敏捷、开放的能力建设,对核心交易系统、大数据平台及数据资产管理平台、业务共享能力提出了新的要求。分布式核心、数据中台、业务中台作为下一代"双中台"数字化转型建设的技术方向,以业务创新及用户体验升级为目标,达到业务、架构、运维的精妙平衡;为金融行业提供符合"一行三会"金融监管要求的金融专区,打造金融新基建,构建数字新连接;致力于帮助金融机构加快自身数字化进程,打造数字化金融服务,实现业务在线、渠道开放、金融智能、生态融合、架构敏捷、技术云化,推动金融业务更加普惠、便捷和温暖。

7.5.1　互联网银行

在"数字银行时代"，零售银行业务将实现全面数字化转型，打造线上银行。利用金融科技对银行渠道、客户、产品、风控等管理进行全面在线化、智能化、生态化改造，建设"大中台、小前台"的架构模式，实现业务快速创新；采用分布式架构，建设平台和生态，融合电商、本地生活、金融场景，实现金融业务的"在线化，智能化，生态化"；建设全新银行系统，提升金融服务的效率。

阿里云互联网银行架构如图 7-13 所示。其采用金融级云原生架构体系，技术上引入阿里"全家桶"云原生架构技术体系，包括飞天平台、企业级分布式架构平台、OceanBase 数据库、大数据平台、移动开发平台、风控平台等，实现互联网金融和大数据业务的全面云化，提升 IT 交付的效率；采用双中台体系架构推动从 IT 跨向 DT（Data Technology，数据技术），以"大中台、小前台"的架构理念，建设双中台——业务中台+数据中台，以"科技搭台，业务唱戏"的方式，提升业务创新效率，降低创新成本。进而实现业务在线化，提升服务效率、降低成本、改善体验；决策智能化，实现基于数据智能的业务决策体系；生态平台化，金融能力开放，赋能生态；架构敏捷化，金融级云原生技术，实现架构敏捷化。

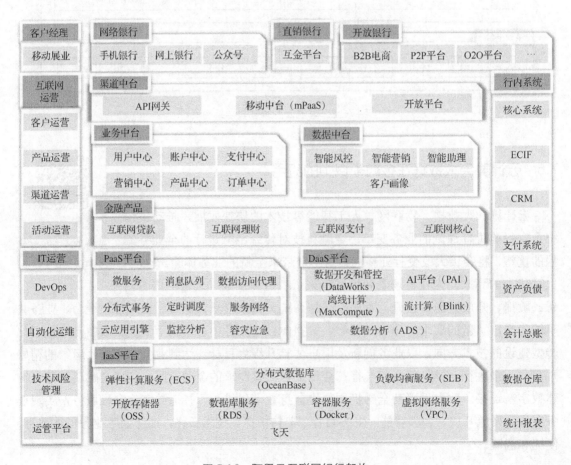

图 7-13　阿里云互联网银行架构

阿里云互联网银行架构优势：

（1）弹性扩容，根据业务负载情况可自动实现云服务弹性扩容；

（2）简化管理，一站式运维管理支撑，帮助银行实现简化管理、节省成本、高效运营的目的；

（3）资源隔离，可实现存储、计算等资源的物理隔离，保障核心系统运行稳定；

（4）安全合规，将多年的全球化合规治理经验以及业界优秀实践融入管理、技术和流程中；

（5）灵活扩展，通过云端的高可用系统，可以根据系统的压力及实时的系统访问情况，动态地进行扩展；

（6）安全可靠，提供易获取、按需使用、弹性扩展的云安全服务，帮助客户保护云上的应用系统和重要数据。

7.5.2　证券智能营销

当前证券行业经纪业务服务的同质化现象严重，如何扩展新用户、深挖存量客户价值、提升资产规模，如何促进新户转化、提高客户质量，对零售业务的稳定发展至关重要。以大数据分析和人工智能为支撑，构建一套网络化、标准化、精细化、智能化的互联网客户运营平台，是经纪业务的发展关键。阿里云证券智能营销如图 7-14 所示，阿里云通过整合分析客户内外部数据、建立客户标签、勾勒客户画像，构建基于客户全生命周期的各阶段服务场景，制定产品及服务运营策略，向客户推荐"千人千面"的产品、服务及活动，实现客户精细化运营和服务。

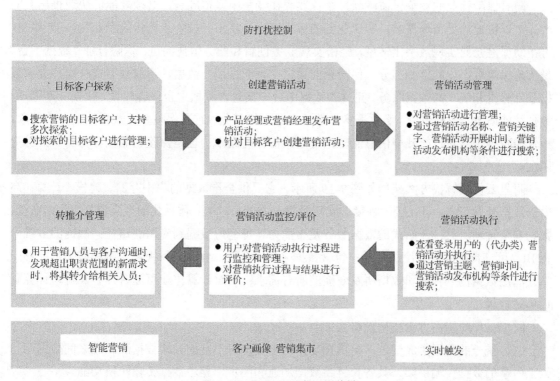

图 7-14　阿里云证券智能营销

阿里云证券智能营销优势：

（1）活动灵活配置，营销活动方案的自动化配置，多波次、多渠道、差异化配送策略的实施，可实现目标客群和产品服务的精准触达；

（2）数据中台，通过阿里云数据中台产品和建设实施方法论，建设数据中台体系和数据分析服务体系，实现企业级数据标准化、数据资产化、数据价值化和数据服务化；

（3）数据可视化，对客户行为数据和运营数据进行可视化分析，形成完整的客户标签和指标体系。

阿里云证券智能营销基本流程如下。

（1）数据准备，集成客户标签、客户积分、客户等级、客户活动参与行为、活动信息等数据。

（2）数据清洗，打通客户标签、客户积分、客户等级等数据，统一活动信息数据，构建客户域与活动域。

（3）营销活动效果分析，分析活动的客户参与量、活动传播效果、客户转化率、活动成本收益、活动促活效果等。

（4）特殊人群标识，基于客户在活动中的数据，自定义规则生成客户标签，支持特殊人群筛选标识。

7.5.3 保险

随着保险行业的竞争日益激烈，企业要想在竞争中赢得胜利，必须要能够快速推出新的产品，以快速满足市场需求，实现业务的敏捷演进。使用云技术重构保险企业传统 IT 架构，可帮助保险企业实现数字化转型，轻松实现业务创新和业务敏捷演进。保险行业"数据中台"是构建保险数字化的核心部分，保险企业数据中台通过统一数据，形成数据资产层，提供数据基础建设和统一的数据服务。完整的数据中台方案包含数据中台内容建设、数据资产管理、数据智能研发、数据消费、数据服务、数据实验室等部分。它是保险企业数据化业务的抽象，不仅能减少重复建设、减少信息流转中烟囱式协作的成本，也是保险企业差异化竞争的优势所在。

阿里云保险解决方案架构如图 7-15 所示。它提供全量数据的集中存储、建模、计算；高效的数据开发工具，可在极大程度上实现数据开发的自动化；体系化的数据资产、数据血缘、数据安全管理工具；一站式的数据服务发布能力，可缩短数据到应用的路径；敏捷的多维分析 BI，可支持不同颗粒度的分析；包含数据采集、存储、计算、可视化等全栈能力；能够一站式满足数据资产管理和数据研发效能的所有需求；实时计算作业可达百万吞吐量，计算延迟可达秒级。

阿里云保险解决方案架构优势如下。

（1）统一的数据集成管理。提供在复杂网络环境下丰富的异构数据源和端之间数据源与云上引擎的数据传输桥梁，具备长链路数据加速和同步、异步数据传输转换功能。

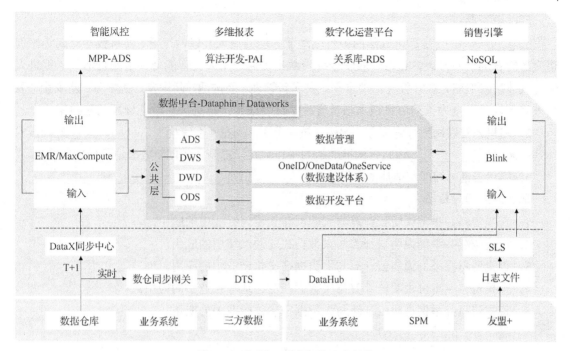

图 7-15 阿里云保险解决方案架构

（2）高效的数据内容加工、服务能力，全域数据分析主题和场景设计。根据保险领域的应用领域和类别，结合保险企业业务流程中的实际痛点和问题，确定、分析、洞察主题及围绕每个主题的分析场景，最终产出和确定各个分析洞察场景的核心分析维度和指标。

（3）完善的数据资产、质量、安全管理。结合平台（技术）+制度（规范）+运营（生态）模式，以数据资产+数据质量+数据安全来保障数据中台的正常运作。

习 题

一、选择题

1.（ ）是以城市数据为驱动的智能化的运行、管理、指挥、调度、评价中心，从数据、能力和机制 3 个方面助力城市精细化治理，为城市治理建立起跨部门的场景、事件、业务、数据等高度协同、闭环处置、全域管理的智能运行体系。

　　A．社会治理　　　　　　　　　　B．城市智能运行中心

　　C．互联网+监管　　　　　　　　　D．数字孪生

2.（ ）是以人工智能技术为手段，结合空间地理信息技术，自主研发出全产业链的数字孪生一站式服务，并通过综合运用数字技术和物联网技术为数据赋能，驱动"智能+"在各个细分领域的渗透，为工业 4.0 和行业客户提供全产业链的数字孪生（Digital Twin）解决方案。

　　A．工业互联网　　　B．生产过程优化　　　C．互联网+监管　　　D．工业数字孪生

3．医药云解决方案整体设计包括（ ）、平台服务和业务应用。

　　A．智慧医疗　　　　B．智慧服务　　　　C．基础服务　　　　D．智慧运营

二、填空题

1. _____是运用成熟的中台驱动业务能力引入互联网运营、创新教学模式等来促进义务教育的优质发展，让教育教学全场景数据贯通，用人工智能使师生减负增效，促进人性化人才培养策略，提升教育治理水平，实现新管理、新沟通、新课堂、新学习、新安全"五新教育"场景，全力推动信息技术与教育教学深度融合，推进优质教育资源共建共享。

2. 阿里云互联网银行解决方案架构，技术上引入阿里"全家桶"_____架构技术体系；采用_____体系架构推动从 IT 跨向 DT，提升业务创新效率，降低创新成本。

3. 阿里云证券智能营销基本流程包含_____、_____、_____和_____。

三、简述与分析题

1. 查找资料并举例说明云计算与大数据在新零售行业中的应用。

2. 查找资料并举例说明云计算与大数据在能源领域中的应用。

3. 查找资料并举例说明云计算与大数据在文化产业中的应用。

4. 查找资料并举例说明云计算与大数据在交通运输行业中的应用。

5. 查找资料并举例说明云计算与大数据在餐饮行业中的应用。

第 8 章 综合实践：搭建云平台并进行大数据处理分析

前面 7 章已经学习了云计算和大数据的基本理论和相关实践内容。由于内容分散在各个章节，没有系统的衔接，因此，本章将在云平台基础上搭建大数据平台，并完成数据采集、数据存储、数据分析、数据挖掘和数据可视化。通过理论和实践相结合，使读者进一步了解、理解和掌握云计算和大数据技术。

【本章知识结构图】

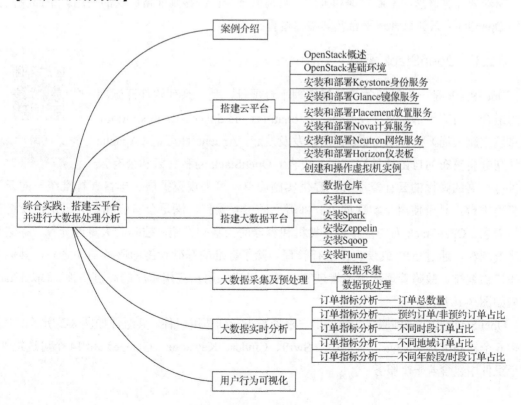

【本章学习目标】

（1）了解云计算、大数据平台以及大数据处理的整个流程。

（2）熟悉云计算和大数据技术。

（3）掌握云计算平台搭建、大数据平台搭建以及大数据处理过程。

8.1 案例介绍

某出行打车公司拥有超 4.5 亿用户，在中国 400 多个城市开展服务，每天的订单量高达 2500 万，每天要处理的数据量约为 4500TB。仅在北京，工作日的早高峰一分钟内就会有超过 1600 人使用该公司打车软件。通过对这些出行大数据进行分析，可了解不同区域、不同时段的运营情况。通过这些出行大数据，还可以看到不同城市的教育、医疗资源的分布，长期观察就能发现城市经济、社会资源的发展、变迁情况，非常有研究价值。

本案例将利用云计算技术搭建大数据平台，然后利用大数据平台将某出行打车公司的日志数据进行数据分析，如统计某一天订单量是多少、预约订单与非预约订单的占比是多少、不同时段订单占比等。

8.2 搭建云平台

随着云计算概念的不断落地和推广，目前云平台已经得到非常广泛的使用。下面我们将介绍 OpenStack 云计算管理平台及其搭建过程。

8.2.1 OpenStack 概述

OpenStack 是一个开源的云计算管理平台项目，是一系列软件开源项目的组合。由美国 NASA（National Aeronautics and Space Administration，国家航空航天局）和 Rackspace 合作研发及发起，Apache 许可证（Apache 软件基金会发布的自由软件许可证）授权。OpenStack 为私有云和公有云提供可扩展的弹性的云计算服务，提供实施简单、可大规模扩展、丰富、标准统一的云计算管理平台，易于使用、实现简单、部署之间可互操作，满足公有云和私有云用户及运营商的需求。OpenStack 面向虚拟机、裸机和容器的云基础设施，控制着大量的计算、存储和网络资源池，通过 API 或仪表板进行管理。除了标准的基础设施即服务功能之外，其他组件还提供编排、故障管理和服务管理等服务，以确保用户应用程序的高可用性。OpenStack 架构如图 8-1 所示。

8-1　OpenStack 概述

OpenStack 提供多种服务，允许用户根据需求即插即用组件，其组件如图 8-2 所示，主要包括 6 个核心组件（Nova、Neutron、Swift、Cinder、Keystone、Glance）和 14 个可选组件，每个组件中包含若干个服务。

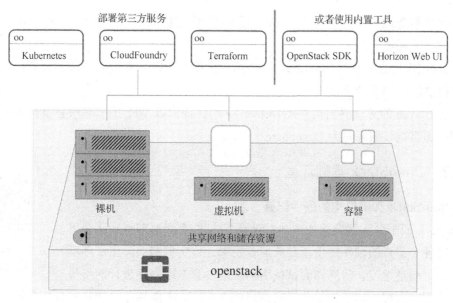

图 8-1　OpenStack 架构

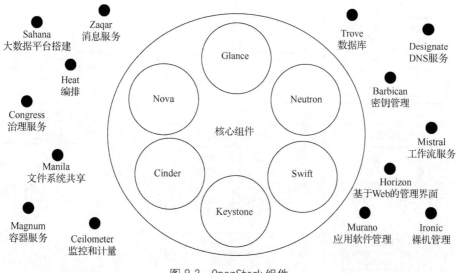

图 8-2　OpenStack 组件

（1）身份服务组件（Keystone），负责提供认证管理服务以及其余所有组件的认证信息/令牌的管理、创建、修改等。

（2）计算服务组件（Nova），负责计算资源的管理、实例生命周期的管理（虚拟机），对外提供 RESTful API 通信。

（3）镜像服务组件（Glance），负责提供虚拟机镜像的存储、查询和检索功能，为 Nova 服务，依赖于存储服务（存储镜像本身）和数据库服务（存储镜像相关的数据）。

（4）对象存储服务组件（Swift），负责提供高可用分布式对象存储服务，特点是无限和扩展，没有单点故障。

（5）块存储服务组件（Cinder），负责管理所有块存储设备，为虚拟机提供存储服务。

（6）网络服务组件（Neutron），负责为云计算提供虚拟的网络功能，为每个不同的租户建立独立的网络环境。

（7）监控和计量组件（Ceilometer），使用数据收集功能，负责为上层的计费、结算或者监控应用提供统一的资源。

（8）基于 Web 的管理界面组件（Horizon），负责提供以 Web 形式对所有节点的所有服务进行管理，通常把该服务称为 Dashboard。

8.2.2 OpenStack 基础环境

8-2 OpenStack
基础环境

1．OpenStack 实例架构的硬件配置

OpenStack 云平台实例架构如图 8-3 所示，包括 2 个必需节点和 3 个可选节点，对各个节点的硬件提出了最低配置要求。该实例和实际生产环境相差甚远，可满足学习、研究和测试使用需求；没有专用网络进行网络传输，没有使用防火墙、加密和服务策略来增强安全性，不能满足性能和冗余要求等。

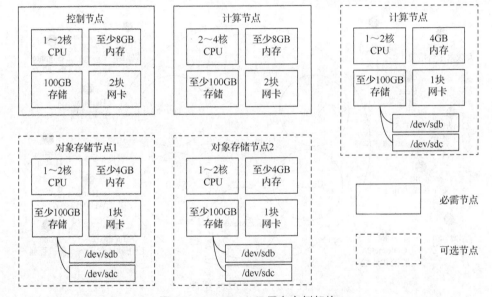

图 8-3 OpenStack 云平台实例架构

2．云部署架构

本章案例在两个必需节点进行云部署，以核心组件为主，其云部署架构如图 8-4 所示。

3．OpenStack 环境搭建

（1）准备两个必需节点主机，最低配置如下。

控制节点（Controller）：1 个 CPU、8GB 内存、100GB 硬盘。

计算节点（Compute）：1 个 CPU、8GB 内存、200GB 硬盘。

（2）为两个必需节点主机安装好 CentOS 7 之后，禁用防火墙，设置时间同步，准备 OpenStack 安装环境。

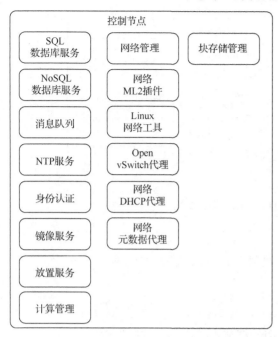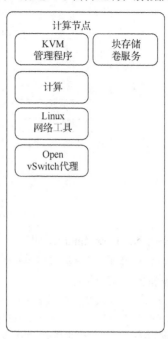

图 8-4　云部署架构

① 分别在两个必需节点主机上禁用防火墙和 Selinux。

```
systemctl stop firewalld && systemctl disable firewalld
setenforce 0
sed -i "s/SELINUX=enforcing/SELINUX=disabled/" /etc/selinux/config
```

② 安装 Chrony，只在控制节点安装。

```
yum install chrony
```

③ 安装配置控制节点，只在控制节点运行。

```
sed -i "s@^#allow.*@allow 171.168.20.0/24@ " /etc/chrony.conf      # 修改配置
sed -i "s@server.*@server ntp1.aliyun.com iburst@" /etc/chrony.conf
systemctl start chronyd && systemctl enable chronyd              # 启动服务
```

④ 给其他节点安装配置，在计算节点的/etc/chrony.conf 中将 NTP 服务器设置为控制节点的 NTP 服务器，只在控制节点中运行。

```
ssh compute 'sed -i "s@server.*@server controller iburst@" /etc/chrony.conf '
ssh compute 'systemctl start chronyd && systemctl enable chronyd'
```

⑤ 重启 NTP 服务器，两个服务器都要重启。

```
systemctl restart chronyd.service
```

⑥ 查看同步情况。

```
chronyc sources
```

⑦ 查看计算节点是否同步时间。

```
chronyc clients
```

（3）配置节点主机网络。

每个主机配置两块网卡，第一块网卡设置为桥接模式，可以访问外网；第二块网卡设置为仅主机模式，主要用于 OpenStack 网络管理，网络拓扑结构如图 8-5 所示。

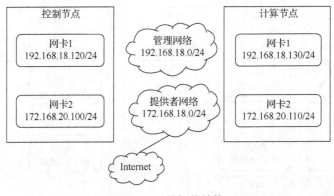

图 8-5　网络拓扑结构

① 停用 NetworkManager 服务。

```
systemctl stop NetworkManager
```

② 设置网卡 IP 地址。

```
vim /etc/sysconfig/network-script/ifcfg-ens33
vim /etc/sysconfig/network-script/ifcfg-ens34
```

③ 设置主机名，分别在控制节点和计算节点上执行，重启生效。

控制节点：

```
hostnamectl set-hostname controller
```

计算节点：

```
hostnamectl set-hostname compute
```

④ 配置主机名信息到/etc/hosts 和同步 hosts 文件。

```
echo -e "172.168.20.100 controller \n 172.168.20.110 compute" >> /etc/hosts
scp /etc/hosts compute:/etc/hosts
```

⑤ 控制节点登录其他主机设置 ssh 免密，执行第一条命令后一直按【Enter】键，默认生成密钥对，以下 3 条命令只在控制节点上运行。

```
ssh-keygen
ssh-copy-id -i /root/.ssh/id_rsa.pub compute
ssh compute
```

⑥ 测试控制节点和计算节点之间的连通性。

执行"ssh compute"命令测试免密是否成功，执行"exit"命令退出。

4．安装 OpenStack 软件包

在各节点主机上分别进行操作。

（1）启用 OpenStack 软件库。

```
yum install centos-release-openstack-train
```

（2）升级软件包。

```
yum  upgrade
```

（3）安装 OpenStack 客户端软件。

```
yum install python-openstackclient
```

（4）安装 openstack-selinux 软件包以自动管理 OpenStack 服务的安全策略。

```
yum -y install openstack-selinux
```

（5）验证安装。

```
openstack -version
```

5．在控制节点上安装 SQL 数据库

（1）安装相关的软件包。

```
yum -y install mariadb mariadb-server python2-PyMySQL
```

（2）编辑/etc/my.cnf.d/openstack.cnf 配置文件。

代码如下。

```
crudini --set /etc/my.cnf.d/openstack.cnf mysqld bind-address 192.168.18.100
crudini --set /etc/my.cnf.d/openstack.cnf mysqld default-storage-engine innodb
crudini --set /etc/my.cnf.d/openstack.cnf mysqld innodb_file_per_table on
crudini --set /etc/my.cnf.d/openstack.cnf mysqld max_connections 4096
crudini --set /etc/my.cnf.d/openstack.cnf mysqld collation-server utf8_general_ci
crudini --set /etc/my.cnf.d/openstack.cnf mysqld character-set-server utf8
```

注意　　　　如果没有 crudini 则 yum install crudini

（3）将 MariaDB 设置为开机自动启动，并启动该数据库服务。

```
systemctl enable mariadb.service && systemctl start mariadb.service
```

（4）通过运行"mysql_secure_installation"命令启动安全配置向导来提高数据库的安全性。
启动服务并初始化，初始化时第一个 root 密码为空，直接按【Enter】键，并设置 root 新密码
为 mysql，设置允许 root 远程登录（除了此交互应答处按 n 其余都按 y）。

```
mysql_secure_installation
```

6．在控制节点上安装消息队列 RabbitMQ 服务

（1）安装相应的软件包。

```
yum -y install rabbitmq-server
```

（2）将 RabbitMQ 服务设置为开机自动启动，并启动该消息队列服务。

```
systemctl enable rabbitmq-server && systemctl start rabbitmq-server
```

（3）添加一个名为"openstack"的用户账户。

```
rabbitmqctl add_user openstack 123456
```

（4）为"openstack"用户配置写入和读取访问权限。

```
rabbitmqctl set_permissions openstack ".*" ".*" ".*"
```

（5）查看 RabbitMQ 状态，并查看用户及权限。

```
rabbitmqctl status
rabbitmqctl list_user_permissions openstack
```

（6）查看 RabbitMQ 监听端口。

```
yum -y install net-tools
```

7．安装 Memcached 服务

在控制节点上安装 Memcached 服务，OpenStack 服务的身份管理机制使用 Memcached
服务来缓存令牌。

（1）安装相应的软件包。

```
yum -y install memcached python-memcached
```

（2）编辑/etc/sysconfig/memcached 配置文件。

```
OPTI/ONS="-l 127.0.0.1,::1,172.168.20.100"
```

（3）将 Memcached 服务设置为开机自动启动，并启动该服务。

```
systemctl enable memcached && systemctl start Memcached
```

（4）查看 Memcached 监听端口。

```
netstat -tunlp | grep memcached
```

8．安装 Etcd 服务

在控制节点上安装 Etcd 服务，以进行分布式键锁定、存储配置、跟踪服务等活动。

（1）安装软件包。

```
yum -y install etcd
```

（2）编辑/etc/etcd/etcd.conf 配置文件，将 ETCD_INITIAL_CLUSTER 等选项的值设置为控制节点的管理 IP 地址。

代码如下。

```
crudini --set /etc/etcd/etcd.conf ETCD_DATA_DIR /var/lib/etcd/default.etcd
crudini --set /etc/etcd/etcd.conf ETCD_LISTEN_PEER_URLS http://192.168.18.100:2380
crudini --set /etc/etcd/etcd.conf ETCD_LISTEN_CLIENT_URLS http://192.168.18.100:2379
crudini --set /etc/etcd/etcd.conf ETCD_NAME controller
crudini --set /etc/etcd/etcd.conf ETCD_INITIAL_ADVERTISE_PEER_URLS http://192.168.
18.100:2380"
crudini --set /etc/etcd/etcd.conf ETCD_ADVERTISE_CLIENT_URLS http://192.168.18.100:2379
crudini --set /etc/etcd/etcd.conf ETCD_INITIAL_CLUSTER controller=http://
192.168.18.100:2380"
crudini --set /etc/etcd/etcd.conf ETCD_INITIAL_CLUSTER_TOKEN etcd-cluster-01
crudini --set /etc/etcd/etcd.conf ETCD_INITIAL_CLUSTER_STATE new
```

（3）将 Etcd 服务设置为开机自动启动，并启动该服务。

```
systemctl enable etcd && systemctl start etcd
```

8.2.3　安装和部署 Keystone 身份服务

Keystone 是 OpenStack 的核心组件之一，为 OpenStack 大家族中的其他组件提供统一的身份认证服务，包括身份认证、令牌发放和服务列表校验、用户权限定义等。

8-3　安装和部署
Keystone 身份
服务

1．配置 Apache HTTP 服务器

（1）编辑/etc/httpd/conf/httpd.conf 配置文件。

```
ServerName controller
```

（2）创建到/usr/share/keystone/wsgi-keystone.conf 文件的链接文件。

```
ln -s /usr/share/keystone/wsgi-keystone.conf /etc/httpd/conf.d/
```

（3）启动 Apache HTTP 服务并将其配置为开机自动启动。

```
systemctl enable httpd.service
systemctl start httpd.service
```

2．创建 Keystone 数据库

（1）以 root 用户身份通过数据库访问客户端连接到数据库服务器。

```
mysql -u root -p
```

（2）创建 Keystone 数据库（名为"keystone"）。

```
MariaDB [(none)]> CREATE DATABASE keystone;
```

（3）对 Keystone 数据库授予合适的账户访问权限。

```
MariaDB [(none)]> GRANT ALL PRIVILEGES ON keystone.* TO 'keystone'@'localhost'
IDENTIFIED BY '123456
    MariaDB [(none)]> GRANT ALL PRIVILEGES ON keystone.* TO 'keystone'@'%'
    IDENTIFIED BY '123456
```

（4）退出数据库访问客户端。

3．安装和配置 Keystone 及相关组件

（1）安装所需的软件包。

```
yum -y install openstack-keystone httpd mod_wsgi
```

（2）编辑/etc/keystone/keystone.conf 配置文件

在[database]节中配置数据库访问连接。

```
connection=mysql+pymysql://keystone:mysql@controller/keystone
```

在[token]节中配置 Fernet 为令牌提供者。

```
token=provider fernet
```

（3）初始化 Keystone 数据库。

```
su -s /bin/sh -c "keystone-manage db_sync" keystone
```

（4）初始化 Fernet 密钥库以生成令牌。

```
keystone-manage fernet_setup --keystone-user keystone --keystone-group keystone
keystone-manage credential_setup --keystone-user keystone --keystone-group keystone
```

（5）对 Keystone 服务执行初始化操作。

```
keystone-manage bootstrap --bootstrap-password 123456 \
  --bootstrap-admin-url http:// 172.168.20.100:5000/v3/ \
  --bootstrap-internal-url http:// 172.168.20.100:5000/v3/ \
  --bootstrap-public-url http:// 172.168.20.100:5000/v3/ \
  --bootstrap-region-id RegionOne
```

4．完成 Keystone 安装

（1）导出环境变量来配置云管理员账户。

```
export OS_USERNAME=admin                              # 云管理员账户
export OS_PASSWORD=123456                             # 密码
export OS_PROJECT_NAME=admin                          # 项目名
export OS_USER_DOMAIN_NAME=Default                   # 域名
export OS_PROJECT_DOMAIN_NAME=Default
export OS_AUTH_URL=http:// 172.168.20.100:5000/v3      # 认证 URL
export OS_IDENTITY_API_VERSI/ON=3                     # 指定版本信息
```

（2）验证 Keystone 安装。

```
openstack service list
curl http://172.168.20.100:5000/v3
```

5．创建域、项目、用户和角色

（1）创建域。

```
openstack domain create --description "Default Domain" default
```

（2）创建项目。创建 OpenStack 服务共用的"service"项目。

```
openstack project create --domain default --description "Service Project" service
```

（3）创建用户。

① 创建 demo 项目。

```
openstack project create --domain default --description "Demo Project" demo
```

② 创建 demo 用户。

```
openstack user create --domain default  --password-prompt demo
```

（4）创建角色。

① 创建一个名为"demo"的角色。

```
openstack role create demo
```

② 将 member 角色添加到 demo 项目和 demo 用户。

```
openstack role add --project demo --user demo member
```

（5）创建 OpenStack 客户端环境脚本。

① 创建脚本 admin-openrc 文件，作为 admin 云管理员的客户端环境脚本。

```
export OS_PROJECT_DOMAIN_NAME=Default
export OS_USER_DOMAIN_NAME=Default
export OS_PROJECT_NAME=admin
export OS_USERNAME=admin
export OS_PASSWORD=123456
export OS_AUTH_URL=http://172.168.20.100:5000/v3
export OS_IDENTITY_API_VERSI/ON=3
export OS_IMAGE_API_VERSI/ON=2
```

② 为 demo 用户创建一个 demo-openrc 脚本文件。

```
export OS_USER_DOMAIN_NAME=Default
export OS_PROJECT_NAME=demo
export OS_USERNAME=demo
export OS_PASSWORD=123456
export OS_AUTH_URL=http://172.168.20.100:5000/v3
export OS_IDENTITY_API_VERSI/ON=3
export OS_IMAGE_API_VERSI/ON=2
```

③ 使用脚本。

```
.admin-openrc
openstack token issue
```

8.2.4 安装和部署 Glance 镜像服务

Glance 是一个提供发现、注册和下载镜像的服务，并提供虚拟机镜像的集中存储功能。在 Glance 里镜像被当作模板来存储，用于启动新实例。Glance 还可以从正在运行的实例中建立快照以用于备份虚拟机的状态。

8-4 安装和部署 Glance 镜像服务

1．创建 Glance 数据库

（1）以 root 用户身份使用数据库访问客户端，并连接到数据库服务器。

```
mysql -u root -p
```

（2）创建 Glance 数据库（名称为"glance"）。

```
MariaDB [(none)]> CREATE DATABASE glance;
```

（3）对 Glance 数据库的 glance 用户授予访问权限。

```
MariaDB [(none)]> GRANT ALL PRIVILEGES ON glance.* TO 'glance'@'localhost' IDENTIFIED
```

```
BY '123456';
    MariaDB [(none)]> GRANT ALL PRIVILEGES ON glance.* TO 'glance'@'%' IDENTIFIED BY '123456';
```

（4）使用"exit"命令退出数据库。

2．获取云管理员凭据

```
.admin-openrc
```

3．创建 Glance 服务凭据

（1）创建 Glance 用户。

```
openstack user create --domain default --password-prompt glance
```

此处密码设为 123456。

（2）将 admin 角色授予 glance 用户和 service 项目。

```
openstack role add --project service --user glance admin
```

（3）在服务目录中创建镜像服务的服务实体。

```
openstack service create --name glance --description "OpenStack Image" image
```

（4）创建镜像服务的 API 端点。

```
openstack endpoint create --region RegionOne  image public http://172.168.20.100:9292
openstack endpoint create --region RegionOne  image internal http://172.168.20.100:9292
openstack endpoint create --region RegionOne  image admin http:// 172.168.20.100:9292
```

4．安装 Glance 软件包

```
yum -y install openstack-glance
```

5．编辑/etc/glance/glance-api.conf 配置文件

在[database]节中配置数据库访问连接。

```
Connection=mysql+pymysql://glance:mysql@controller/glance
```

在[keystone_authtoken]和[paste_deploy]节中配置身份服务访问。

```
www_authenticate_uri=http://controller:5000
```

在[glance_store]节中配置镜像存储。

```
auth_url=http://controller:5000
```

6．初始化镜像服务数据库

```
su -s /bin/sh -c "glance-manage db_sync" glance
```

7．完成 Glance 服务安装

（1）启动服务，设置目录及目录下的文件权限，防止权限错误导致服务无法启动。

```
chown glance.glance -R /var/log/glance/
```

（2）将 Glance 配置为开机自动启动，并启动镜像服务。

```
systemctl enable openstack-glance-api
systemctl start openstack-glance-api
```

8．验证 Glance 镜像操作

（1）下载 Cirros 操作系统源镜像。

```
wget http://download.cirros-cloud.net/0.4.0/cirros-0.4.0-x86_64-disk.img
```

（2）加载 admin 用户的客户端环境脚本。

```
.admin-openrc
```

（3）以.qcow2 磁盘格式和.bare 容器格式将镜像上传到 Glance 镜像服务。

```
openstack image create "cirros" --file cirros-0.4.0-x86_64-disk.img  --disk-format
qcow2 --container-format bare  --public
```

（4）查看其状态。

```
openstack image list
```

8.2.5 安装和部署 Placement 放置服务

1. 完成放置服务安装的前期准备

（1）创建 Placement 数据库。

① 使用数据库访问客户端，以 root 用户身份连接到数据库服务器。

8-5 安装和部署
Placement 放置
服务

```
mysql -u root -p
```

② 创建名为"placement"的 Placement 数据库。

```
CREATE DATABASE placement;
```

③ 授予 placement 用户对数据库的访问权限。

```
GRANT ALL PRIVILEGES ON placement.* TO 'placement'@'localhost' IDENTIFIED BY '123456;
GRANT ALL PRIVILEGES ON placement.*TO'placement'@'%'IDENTIFIED BY'123456';
```

④ 退出数据库访问客户端。

（2）创建用户和端点。

① 加载 admin 用户的客户端环境脚本。

```
.admin-openrc
```

② 创建名为"placement"的放置服务用户。

```
openstack user create--domain default--password-prompt placement
```

按【Enter】键后输入 placement 密码 123456

③ 将 admin 角色授予 placement 用户和 service 项目。

```
openstack role add--project service--user placement admin
```

④ 在服务目录中创建 Placement 服务实体（名为"placement"的服务）。

```
openstack service create--name placement--description"Placement API"placement
```

⑤ 创建 Placement 服务端点。

```
openstack endpoint create--region RegionOne placement public http://172.168.20.100:8778
openstack endpoint create --region RegionOne  placement internal http:// 172.168.20.100:8778
openstack endpoint create --region RegionOne  placement admin http://172.168.20.100:8778
```

2. 安装和配置放置服务组件

（1）安装软件包。

```
yum -y install openstack-placement-api
```

（2）编辑/etc/placement/placement.conf 配置文件。

在[placement_database]节中配置数据库访问连接。

在[api]和[keystone_authtoken]节中配置身份服务访问。

```
crudini --set /etc/placement/placement.conf placement_database connection mysql+
pymysql://placement:123456@ controller /placement
    crudini--set/etc/placement/placement.conf api auth_strategy keystone
    crudini--set/etc/placement/placement.conf keystone_authtoken auth_url http://
controller:5000/v3
    crudini--set/etc/placement/placement.conf keystone_authtoken memcached_servers
controller:11211
    crudini--set/etc/placement/placement.conf keystone_authtoken auth_type password
```

```
crudini--set/etc/placement/placement.conf keystone_authtoken project_domain_name
Default
    crudini--set/etc/placement/placement.conf keystone_authtoken user_domain_name Default
    crudini--set/etc/placement/placement.conf keystone_authtoken project_name service
    crudini--set/etc/placement/placement.conf keystone_authtoken username placement
    crudini--set/etc/placement/placement.conf keystone_authtoken password 123456
```

（3）初始化名为"placement"的数据库。

```
su-s/bin/sh-c"placement-manage db sync" placement
```

3．验证放置服务安装

（1）加载云管理员客户端环境脚本。

```
. admin-openrc
```

（2）进行状态检查，以确保一切正常。

```
placement-status upgrade check
```

8.2.6　安装和部署 Nova 计算服务

8-6　安装和部署
Nova 计算服务

1．在控制节点上完成 Nova 的安装准备

（1）创建 Nova 数据库。

① 以 root 用户身份连接到数据库服务器。

② 分别创建名为"nova_api""nova""nova_cell0"的 3 个数据库。

```
MariaDB [(none)]> CREATE DATABASE nova_api;
MariaDB [(none)]> CREATE DATABASE nova;
MariaDB [(none)]> CREATE DATABASE nova_cell0;
```

③ 对上述数据库 nova 的用户授予访问权限。

④ 退出数据库访问客户端。

（2）获取云管理员凭据。

```
. admin-openrc
```

（3）创建计算服务凭据。

① 创建 nova 用户。

```
openstack user create --domain default --password-prompt nova
```

按【Enter】键后输入 nova 密码为 123456。

② 将 admin 角色授予 nova 用户和 service 项目。

```
openstack role add --project service --user nova admin
```

③ 创建 Nova 的计算服务实体（名为"nova"的服务）。

```
openstack service create --name nova --description "OpenStack Compute" compute
```

④ 创建计算服务的 API 端点。

```
openstack endpoint create --region RegionOne  compute public http:// 172.168.20.100:8774/v2.1
openstack endpoint create --region RegionOne  compute admin http:// 172.168.20.100:8774/v2.1
openstack endpoint create --region RegionOne  compute admin http:// 172.168.20.100:8774/v2.1
```

2．在控制节点上安装和配置 Nova 组件

（1）安装软件包。

```
yum-yinstallopenstack-nova-apiopenstack-nova-conductor openstack-nova-novncproxy
openstack-nova-scheduler
```

（2）编辑/etc/nova/nova.conf 配置文件。

① 在[DEFAULT]节中仅启用计算服务 API 和元数据 API。

② 在[api_database]和[database]节中配置数据库访问连接。

③ 在[DEFAULT]节中配置 RabbitMQ 消息队列访问。

④ 在[api]和[keystone_authtoken]节中配置身份服务访问。

⑤ 在[DEFAULT]节中使用 my_ip 选项配置控制节点的管理网络接口 IP 地址。

⑥ 在[DEFAULT]节中启用对网络服务的支持。

⑦ 在[vnc]节中配置 VNC 代理使用控制节点的管理网络接口 IP 地址。

⑧ 在[glance]节中配置镜像服务 API 的位置。

⑨ 在[oslo_concurrency]节中配置锁定路径（Lock Path）。

⑩ 在[placement]节中配置放置服务 API。

```
crudini --set /etc/nova/nova.conf DEFAULT enabled_apis osapi_compute,metadata
crudini --set /etc/nova/nova.conf DEFAULT transport_url rabbit://openstack:123456@
controller:5672/
crudini --set /etc/nova/nova.conf DEFAULT my_ip 172.168.20.100
crudini --set /etc/nova/nova.conf api_database connection mysql+pymysql://nova:
123456@ controller /nova_api
crudini --set /etc/nova/nova.conf database connection mysql+pymysql://nova:123456@
controller /nova
crudini --set /etc/nova/nova.conf api auth_strategy keystone
crudini --set /etc/nova/nova.conf keystone_authtoken www_authenticate_uri http://
controller:5000/
crudini --set /etc/nova/nova.conf keystone_authtoken auth_url http:// controller:5000/
crudini --set /etc/nova/nova.conf keystone_authtoken memcached_servers node1:11211
crudini --set /etc/nova/nova.conf keystone_authtoken auth_type password
crudini --set /etc/nova/nova.conf keystone_authtoken project_domain_name Default
crudini --set /etc/nova/nova.conf keystone_authtoken user_domain_name Default
crudini --set /etc/nova/nova.conf keystone_authtoken project_name service
crudini --set /etc/nova/nova.conf keystone_authtoken username nova
crudini --set /etc/nova/nova.conf keystone_authtoken password 123456
crudini --set /etc/nova/nova.conf vnc enabled  true
crudini --set /etc/nova/nova.conf vnc server_listen  \$my_ip
crudini --set /etc/nova/nova.conf vnc server_proxyclient_address \$my_ip
crudini --set /etc/nova/nova.conf glance api_servers http:// controller:9292
crudini --set /etc/nova/nova.conf oslo_concurrency lock_path /var/lib/nova/tmp
crudini --set /etc/nova/nova.conf placement region_name RegionOne
crudini --set /etc/nova/nova.conf placement project_domain_name Default
crudini --set /etc/nova/nova.conf placement project_name service
crudini --set /etc/nova/nova.conf placement auth_type password
crudini --set /etc/nova/nova.conf placement user_domain_name Default
crudini --set /etc/nova/nova.conf placement auth_url http:// controller:5000/v3
crudini --set /etc/nova/nova.conf placement username placement
crudini --set /etc/nova/nova.conf placement password 123456
```

（3）初始化 nova-api 数据库。

```
su -s /bin/sh -c "nova-manage api_db sync" nova
```

（4）注册 cell0 数据库。

```
su -s /bin/sh -c "nova-manage cell_v2 map_cell0" nova
```

（5）创建 cell1 单元。

```
su -s /bin/sh -c "nova-manage cell_v2 create_cell --name=cell1 --verbose" nova
```

（6）初始化 Nova 数据库。

```
su -s /bin/sh -c "nova-manage db sync" nova
```

（7）验证 Nova 的 cell0 和 cell1 是否已正确注册。

```
su -s /bin/sh -c "nova-manage cell_v2 list_cells" nova
```

3. 在计算节点上安装和配置 Nova 组件

（1）安装软件包。

```
yum install openstack-nova-compute
```

（2）编辑/etc/nova/nova.conf 配置文件。

① 在[DEFAULT]节中仅启用计算服务 API 和元数据 API。

② 在[DEFAULT]节中配置 RabbitMQ 消息队列访问。

③ 在[api]和[keystone_authtoken]节中配置身份服务访问。

④ 在[DEFAULT]节中使用 my_ip 选项配置计算节点的管理网络接口 IP 地址。

⑤ 在[DEFAULT]节中启用对网络服务的支持。

⑥ 在[vnc]节中启用和配置远程控制台访问。

⑦ 在[glance]节中配置镜像服务 API 的位置。

⑧ 在[placement]节中配置放置服务 API。

```
    crudini --set /etc/nova/nova.conf DEFAULT block_device_allocate_retries 120
#默认为 60s，间隔为 3s，这样等待卷创建的时间为 180s，如果卷特别大，可以将时间改长一些
    crudini --set /etc/nova/nova.conf DEFAULT enabled_apis osapi_compute,metadata
    crudini --set /etc/nova/nova.conf DEFAULT transport_url rabbit://openstack:123456@
controller
    crudini --set /etc/nova/nova.conf DEFAULT my_ip 172.168.20.110# 每个计算节点的管理网络
IP 地址
    crudini --set /etc/nova/nova.conf apiauth_strategy keystone
    crudini --set /etc/nova/nova.conf keystone_authtoken www_authenticate_uri http://
controller:5000/
    crudini --set /etc/nova/nova.conf keystone_authtoken auth_url http:// controller:5000/
    crudini --set /etc/nova/nova.conf keystone_authtoken memcached_servers controller:11211
    crudini --set /etc/nova/nova.conf keystone_authtoken auth_type password
    crudini --set /etc/nova/nova.conf keystone_authtoken project_domain_name Default
    crudini --set /etc/nova/nova.conf keystone_authtoken user_domain_name Default
    crudini --set /etc/nova/nova.conf keystone_authtoken project_name service
    crudini --set /etc/nova/nova.conf keystone_authtoken username nova
    crudini --set /etc/nova/nova.conf keystone_authtoken password 123456
    crudini --set /etc/nova/nova.conf vnc enabled true
    crudini --set /etc/nova/nova.conf vnc server_listen 0.0.0.0
    crudini --set /etc/nova/nova.conf vnc server_proxyclient_address \$my_ip
    crudini --set /etc/nova/nova.conf vnc novncproxy_base_url http:// controller:6080/
vnc_auto.html     # 可以写 IP 地址，这样可以直接访问
    crudini --set /etc/nova/nova.conf glance api_servers http://controller:9292
    crudini --set /etc/nova/nova.conf oslo_concurrency lock_path /var/lib/nova/tmp
    crudini --set /etc/nova/nova.conf placement region_name RegionOne
    crudini --set /etc/nova/nova.conf placement project_domain_name Default
    crudini --set /etc/nova/nova.conf placement project_name service
```

```
crudini --set /etc/nova/nova.conf placement auth_type password
crudini --set /etc/nova/nova.conf placement user_domain_name Default
crudini --set /etc/nova/nova.conf placement auth_url http:// controller:5000/v3
crudini --set /etc/nova/nova.conf placement username placement
crudini --set /etc/nova/nova.conf placement password 123456
crudini --set /etc/nova/nova.conf libvirt virt_type kvm     # 不支持虚拟化时设置为 qemu,
但是性能极低
crudini --set /etc/nova/nova.conf scheduler discover_hosts_in_cells_interval 300
# 自动发现, 每隔 5min 发现一次
```

4．在计算节点上完成 Nova 安装

（1）确定计算节点是否支持虚拟机的硬件加速。

```
egrep -c '(vmx|svm)' /proc/cpuinfo
```

（2）启动计算服务及其依赖组件，并将其配置为开机自动启动。

```
systemctl enable libvirtd.service openstack-nova-compute.service
systemctl start libvirtd.service openstack-nova-compute.service
```

5．将计算节点添加到 cell 数据库

转到控制节点上进行操作。

（1）确认数据库中计算节点主机。

```
openstack compute service list --service nova-compute
```

（2）注册计算节点主机。

```
su -s /bin/sh -c "nova-manage cell_v2 discover_hosts --verbose" nova
```

6．验证 Nova 计算服务的安装

（1）验证每个进程是否成功启动和注册。

```
.admin-openrc
openstack compute service list
```

（2）查看计算节点。

```
openstack hypervisor list
```

8.2.7　安装和部署 Neutron 网络服务

8-7　安装和部署
Neutron 网络服务

1．在控制节点上完成网络服务的安装准备

（1）以 root 用户身份使用数据库访问客户端，并连接到数据库服务器。

（2）创建数据库。

```
CREATE DATABASE neutron;
```

（3）设置访问权限，完成之后退出数据库访问客户端。

```
GRANT ALL PRIVILEGES ON neutron.* TO 'neutron'@'localhost' IDENTIFIED BY '123456';
GRANT ALL PRIVILEGES ON neutron.* TO 'neutron'@'%' IDENTIFIED BY '123456';
```

（4）使用"exit"命令退出数据库。

2．在控制节点上创建 Neutron 服务凭证

（1）加载 admin 用户的环境脚本。

```
. admin-openrc
```

（2）创建 Neutron 服务凭据。

```
openstack user create --domain default --password-prompt neutron
```

```
openstack role add --project service --user neutron admin
openstack service create --name neutron  --description "OpenStack Networking" network
```

3. 创建 Neutron 服务的 API 端点

```
openstack endpoint create --region RegionOne  network public http://172.168.20.100:9696
openstack endpoint create --region RegionOne  network internal http://172.168.20.100:9696
openstack endpoint create --region RegionOne  network admin http://172.168.20.100:9696
```

4. 在控制节点上配置网络选项

（1）安装网络组件。

```
yum -y install openstack-neutron openstack-neutron-ml2  openstack-neutron-openvswitch
ebtables
```

（2）安装 OVS（Open vSwitch）。

① 默认已安装，检查状态。

```
openvswitch.service-Open vSwitch
```

② 将 OVS 服务设置为开机自动启动，并启动该服务。

```
systemctl enable openvswitch
systemctl start openvswitch
```

（3）配置 Neutron 服务器组件。编辑/etc/neutron/neutron.conf 配置文件。

① 在[database]节中配置数据库访问连接。

② 在[DEFAULT]节中启用 ML2 插件、路由服务和重叠 IP 地址。

③ 在[DEFAULT]节中配置 RabbitMQ 消息队列访问。

④ 在[DEFAULT]和[keystone_authtoken]节中配置身份服务访问。

⑤ 在[DEFAULT]和[nova]节中配置当网络拓扑发生变动时，网络服务能够通知计算服务。

⑥ 在[oslo_concurrency]节中配置锁定路径。

```
crudini --set /etc/neutron/neutron.conf DEFAULT core_plugin ml2
crudini --set /etc/neutron/neutron.conf DEFAULT service_plugins router # L3
crudini --set /etc/neutron/neutron.conf DEFAULT allow_overlapping_ips true # L3
crudini --set /etc/neutron/neutron.conf DEFAULT transport_url rabbit://openstack:
123456@ controller
crudini --set /etc/neutron/neutron.conf DEFAULT auth_strategy keystone
crudini --set /etc/neutron/neutron.conf DEFAULT notify_nova_on_port_status_changes true
crudini --set /etc/neutron/neutron.conf DEFAULT notify_nova_on_port_data_changes true
crudini --set /etc/neutron/neutron.conf database connection mysql+pymysql://neutron:
123456 @ controller /neutron
crudini  --set  /etc/neutron/neutron.conf  keystone_authtoken  www_authenticate_uri
http:// controller:5000
crudini --set /etc/neutron/neutron.conf keystone_authtoken auth_url http:// controller:5000
crudini --set /etc/neutron/neutron.conf keystone_authtoken memcached_servers
controller:11211
crudini --set /etc/neutron/neutron.conf keystone_authtoken auth_type password
crudini --set /etc/neutron/neutron.conf keystone_authtoken project_domain_name default
crudini --set /etc/neutron/neutron.conf keystone_authtoken user_domain_name default
crudini --set /etc/neutron/neutron.conf keystone_authtoken project_name service
crudini --set /etc/neutron/neutron.conf keystone_authtoken username controller
crudini --set /etc/neutron/neutron.conf keystone_authtoken password 123456
crudini --set /etc/neutron/neutron.conf nova auth_url http:// controller:5000
crudini --set /etc/neutron/neutron.conf nova auth_type password
crudini --set /etc/neutron/neutron.conf nova project_domain_name default
crudini --set /etc/neutron/neutron.conf nova user_domain_name default
```

```
crudini --set /etc/neutron/neutron.conf nova region_name RegionOne
crudini --set /etc/neutron/neutron.conf nova project_name service
crudini --set /etc/neutron/neutron.conf nova username nova
crudini --set /etc/neutron/neutron.conf nova password 123456
crudini --set /etc/neutron/neutron.conf oslo_concurrency lock_path /var/lib/neutron/tmp
```

（4）配置 ML2 插件。编辑/etc/neutron/plugins/ml2/ml2_conf.ini 配置文件。

① 在[ml2]节中启用 Flat、VLAN 和 VXLAN。

② 在[ml2]节中启用 VXLAN 自服务网络。

③ 在[ml2]节中启用 OVS 代理和 L2Population 机制。

④ 在[ml2]节中启用端口安全扩展驱动。

⑤ 在[ml2_type_flat]节中列出可以创建 Flat 类型提供者网络的物理网络名称。

⑥ 在[ml2_type_vxlan]节中配置自服务网络的 VXLAN 的 ID 范围。

⑦ 在[securitygroup]节中，启用 Ipset 以提高安全组规则的效率。

```
    crudini --set /etc/neutron/plugins/ml2/ml2_conf.ini ml2 type_drivers local,flat,vlan,
gre,vxlan,geneve
    crudini --set /etc/neutron/plugins/ml2/ml2_conf.ini ml2 tenant_network_types vxlan
# L3 默认行为，就是指网络类型或者在项目部分创建网络时默认使用的类型
    crudini --set /etc/neutron/plugins/ml2/ml2_conf.ini ml2 mechanism_drivers linuxbridge,
l2population # L3
    crudini --set /etc/neutron/plugins/ml2/ml2_conf.ini ml2 extension_drivers port_security
    crudini --set /etc/neutron/plugins/ml2/ml2_conf.ini ml2_type_flat flat_networks
provider,inside    # 定义两个网络
    crudini --set /etc/neutron/plugins/ml2/ml2_conf.ini ml2_type_vxlan vni_ranges 10:1000 # L3
    crudini --set /etc/neutron/plugins/ml2/ml2_conf.ini ml2_type_vlan network_vlan_
ranges provider:1001:2000 # L3
    crudini --set /etc/neutron/plugins/ml2/ml2_conf.ini securitygroup enable_ipset true
```

（5）创建 OVS 提供者网桥。

① 创建 OVS 内部网桥和集成网桥。

```
ovs-vsctl add-br br-int
ovs-vsctl add-br br-tun
```

② 更改网卡 ens33 的配置文件/etc/sysconfig/network-scripts/ifcfg-ens33。

```
NAME=ens33
DEVICE=ens33
TYPE=OVSPort
DEVICETYPE=ovs
OVS_BRIDGE=br-ex
ONBOOT=yes
```

③ 创建/etc/sysconfig/network-scripts/ifcfg-br-ex 网卡配置文件。

```
NAME=br-ex
DEVICE=br-ex
DEVICETYPE=ovs
TYPE=OVSBridge
BOOTPROTO=static
IPADDR=192.168.18.120
PREFIX=24
GATEWAY=192.168.18.1
DNS1=114.114.114.114
ONBOOT=yes
```

④ 执行"systemctl restart network"命令重启网络服务，列出当前 OVS 网桥列表。

```
ovs-vsctl list-br
```

⑤ 列出 br-ex 网桥端口列表。

```
ovs-vsctl list-ports br-ex
```

（6）配置 OVS 代理。编辑/etc/neutron/plugins/ml2/openvswitch_agent.ini 配置文件。

```
[ovs]
bridge_mappings = extnet:br-ex
local_ip = 172.168.20.100
[agent]
tunnel_types = vxlan
l2_population = True
[securitygroup]
firewall_driver = iptables_hybrid
```

（7）配置 L3 代理。编辑/etc/neutron/l3_agent.ini 配置文件。

```
[DEFAULT]
interface_driver = openvswitch
```

（8）配置 DHCP 代理。编辑/etc/neutron/dhcp_agent.ini 配置文件。

```
[DEFAULT]
interface_driver = openvswitch
enable_isolated_metadata = True
force_metadata = True
```

5. 配置元数据代理

在控制节点上配置元数据代理，编辑/etc/neutron/metadata_agent.ini 配置文件。

```
[DEFAULT]
nova_metadata_host = controller
metadata_proxy_shared_secret = METADATA_SECRET
```

6. 配置计算服务使用网络服务

在控制节点上配置计算服务使用网络服务，编辑/etc/nova/nova.conf 配置文件，在[neutron]节中设置访问参数。

```
[neutron]
auth_url = http://172.168.20.100:5000
auth_type = password
project_domain_name = default
user_domain_name = default
region_name = RegionOne
project_name = service
username = neutron
password = 123456
service_metadata_proxy = true
metadata_proxy_shared_secret = METADATA_SECRET
```

7. 在控制节点上完成网络服务安装

（1）网络服务初始化脚本需要一个指向 ML2 插件的配置文件。

```
ln -s /etc/neutron/plugins/ml2/ml2_conf.ini /etc/neutron/plugin.ini
```

（2）初始化数据库。

```
su -s /bin/sh -c "neutron-db-manage --config-file /etc/neutron/neutron.conf
--config-file /etc/neutron/plugins/ml2/ml2_conf.ini upgrade head" neutron
```

（3）重启计算 API 服务。

```
systemctl restart openstack-nova-api.service
```

（4）启动网络服务并将其配置为开机自动启动。

```
systemctl enable neutron-server.service \
  neutron-openvswitch-agent.service neutron-dhcp-agent.service \
  neutron-metadata-agent.service neutron-l3-agent.service
systemctl start neutron-server.service \
  neutron-openvswitch-agent.service neutron-dhcp-agent.service \
  neutron-metadata-agent.service neutron-l3-agent.service
```

8. 安装 Neutron 组件

在计算节点上安装 Neutron 组件，计算节点需要安装 Neutron 的 OVS 代理组件。

```
yum -y install openstack-neutron-openvswitch ebtables ipset
```

9. 配置网络通用组件

在计算节点上配置网络通用组件，编辑/etc/neutron/neutron.conf 配置文件。

① 在[database]节中将连接设置语句注释掉。

② 在[DEFAULT]节中配置 RabbitMQ 消息队列访问。

③ 在[DEFAULT]和[keystone_authtoken]节中配置身份服务访问。

④ 在[oslo_concurrency]节中配置锁定路径。

```
crudini --set /etc/neutron/neutron.conf DEFAULT transport_url rabbit://openstack:
123456@controller
crudini --set /etc/neutron/neutron.conf DEFAULT auth_strategy keystone
crudini --set /etc/neutron/neutron.conf keystone_authtoken www_authenticate_uri
http:// controller:5000
crudini --set /etc/neutron/neutron.conf keystone_authtoken auth_url http://
controller:5000
crudini --set /etc/neutron/neutron.conf keystone_authtoken memcached_servers
controller:11211
crudini --set /etc/neutron/neutron.conf keystone_authtoken auth_type password
crudini --set /etc/neutron/neutron.conf keystone_authtoken project_domain_name
default
crudini --set /etc/neutron/neutron.conf keystone_authtoken user_domain_name default
crudini --set /etc/neutron/neutron.conf keystone_authtoken project_name service
crudini --set /etc/neutron/neutron.conf keystone_authtoken username neutron
crudini --set /etc/neutron/neutron.conf keystone_authtoken password 123456
crudini --set /etc/neutron/neutron.conf oslo_concurrency lock_path /var/lib/neutron/tmp
```

10. 配置网络选项

在计算节点上配置网络选项，编辑/etc/neutron/plugins/ml2/openvswitch_agent.ini 配置文件。

```
[ovs]
local_ip = 172.168.20.110
[agent]
tunnel_types = vxlan
l2_population = True
[securitygroup]
firewall_driver = iptables_hybrid
```

11. 配置计算服务使用网络服务

在计算节点上配置计算服务使用网络服务，编辑/etc/nova/nova.conf 配置文件。

```
[neutron]
auth_url = http://172.168.20.100:5000
auth_type = password
project_domain_name = Default
user_domain_name = Default
region_name = RegionOne
project_name = service
username = neutron
password = 123456
```

12．在计算节点上完成网络服务安装

（1）重启计算服务。

```
systemctl restart openstack-nova-compute.service
```

（2）启动 OVS 代理服务，并将其配置为开机自动启动。

```
systemctl enable neutron-openvswitch-agent.service
systemctl start neutron-openvswitch-agent.service
```

13．验证网络服务运行

（1）在控制节点上加载 admin 用户的环境脚本。

```
source admin-openrc
```

（2）查看网络代理列表。

```
openstack network agent list
```

14．创建初始网络

在控制节点上执行操作。

（1）加载 admin 用户的环境脚本。

```
. admin-openrc
```

（2）创建一个名为"public1"的提供者网络。

```
openstack network create --project admin --share --external \
--availability-zone-hint nova --provider-physical-network extnet \
--provider-network-type flat public1
```

（3）在上述提供者网络基础上创建名为"public1_subnet"的 IPv4 子网。

```
openstack subnet create --network public1 \
  --allocation-pool start=192.168.18.10,end=192.168.18.80 \
  --dns-nameserver 114.114.114.114 --gateway 192.168.18.1 \
  --subnet-range 192.168.18.0/24 public1_subnet
```

（4）加载普通用户 demo 的环境脚本。

```
source demo-openrc
```

（5）创建名为"private1"的自服务网络。

```
openstack network create private1
```

（6）基于该自服务网络创建名为"private1_subnet"的 IPv4 子网。

```
openstack subnet create --subnet-range 10.0.0.0/24 \
--network private 1 --dns-nameserver 114.114.114.114  private1_subnet
```

（7）创建名为"router1"的路由器。

```
openstack router create router1
```

（8）添加"private1_subnet"子网作为该路由器的接口。

```
openstack router add subnet router1 private1_subnet
```

（9）添加上述提供者网络作为该路由器的网关。

```
openstack router set --external-gateway public1 router1
```

15．验证网络操作

（1）在网络节点（由控制节点充当）上验证 Qrouter 名称空间的创建。

```
ip netns
```

（2）加载 admin 用户的环境脚本，然后创建一个实例类型。

```
source demo-openrc
openstack flavor create --public m1.tiny --id 1  --ram 512 --disk 1 --vcpus 1
--rxtx-factor 1
```

（3）加载普通用户 demo 的环境脚本。

```
. demo-openrc
```

（4）创建安全组规则，以允许通过网络 ping 和 SSH 访问虚拟机实例。

```
openstack security group rule create --proto icmp default
openstack security group rule create --proto tcp --dst-port
```

（5）基于上述自服务网络创建一个虚拟机实例。

```
openstack server create --flavor 1 --image cirros --network private1 testVM1
```

（6）查看实例列表。

```
openstack server list
```

（7）为虚拟机实例分配浮动 IP 地址以解决外部网络访问问题。

① 在提供者网络中创建一个浮动 IP 地址。

```
openstack floating ip create public1
```

② 为该实例分配该 IP 地址。

```
openstack server add floating ip testVM1 172.168.20.33
```

③ 在控制节点上 ping 该实例的浮动 IP 地址。

（8）根据需要登录该实例，测试与 Internet 或外部网络的通信。

16．在计算节点启动实例

基于提供者网络启动实例，在计算节点上操作。

参照控制节点为计算节点创建 OVS 外部网桥并调整 OVS 代理配置。

（1）创建 OVS 外部网桥，并将提供者网络的网卡添加到该网桥的一个端口。

```
IPADDR=172.168.20.100
```

（2）调整计算节点的 OVS 代理配置。编辑/etc/neutron/plugins/ml2/openvswitch_agent.ini 配置文件。

```
[ovs]
bridge_mappings = extnet:br-ex
```

（3）重新启动 OVS 代理服务。

```
systemctl restart neutron-openvswitch-agent.service
```

17．在控制节点启动实例

基于提供者网络启动实例，在控制节点上操作。

（1）基于上述提供者网络重新创建一个虚拟机实例。

```
source demo-openrc
openstack server delete testVM2
openstack server create --flavor 1 --image cirros --network public1 testVM2
```

（2）查看实例列表，可以发现该实例创建成功，并通过提供者网络获得了 IP 地址。

```
openstack server list
```

（3）在控制节点上 ping 该实例的浮动 IP 地址，测试到该实例的通信。

8.2.8　安装和部署 Horizon 仪表板

8-8　安装和部署
Horizon 仪表板

各 OpenStack 服务的图形界面都是由 Horizon 提供的。Horizon 提供基于 Web 的模块化用户界面，为云管理员提供一个整体的视图，为终端用户提供一个自主服务的门户。Horizon 由云管理员进行管理与控制，云管理员可以通过 Web 界面管理 OpenStack 平台的资源。

1．安装和配置 Horizon 组件

（1）安装软件包。

```
yum -y install openstack-dashboard
```

（2）编辑/etc/openstack-dashboard/local_settings 配置文件。

① 配置仪表板使用控制节点上的 OpenStack 服务。

② 设置允许访问仪表板的主机。

③ 配置 Memcached 会话存储服务。

④ 启用 Identity API v3 支持。

⑤ 启用对多个域的支持。

⑥ 配置 API 版本。

⑦ 配置通过仪表板创建的用户的默认域。

⑧ 配置通过仪表板创建的用户的默认角色。

⑨ 根据需要配置时区。

```
crudini --set /etc/openstack-dashboard/local_settings '' OPENSTACK_HOST '"controller"'
crudini --set /etc/openstack-dashboard/local_settings '' ALLOWED_HOSTS "['*', ]"
crudini --set /etc/openstack-dashboard/local_settings '' SESSI/ON_ENGINE "'django.
contrib.sessions.backends.cache'"
crudini --set /etc/openstack-dashboard/local_settings '' CACHES "{
    'default': {
        'BACKEND': 'django.core.cache.backends.memcached.MemcachedCache',
        'LOCATI/ON': 'controller:11211',
    }
}"
crudini --set /etc/openstack-dashboard/local_settings '' OPENSTACK_KEYSTONE_URL
'"http://%s:5000/identity/v3" % OPENSTACK_HOST'
crudini --set /etc/openstack-dashboard/local_settings '' OPENSTACK_KEYSTONE_
MULTIDOMAIN_SUPPORT True
crudini --set /etc/openstack-dashboard/local_settings '' OPENSTACK_API_VERSIONS '{
    "identity": 3,
    "image": 2,
    "volume": 3,
}'
crudini --set /etc/openstack-dashboard/local_settings '' OPENSTACK_KEYSTONE_
DEFAULT_DOMAIN '"Default"'
crudini --set /etc/openstack-dashboard/local_settings '' OPENSTACK_KEYSTONE_
```

```
DEFAULT_ROLE '"reader"'
```
可以单独配置，也可以不配置，这里是显示菜单，改为 False 则不显示，如果发现有些菜单不显示则可能是这里配置成了 False
```
OPENSTACK_NEUTRON_NETWORK = {
    'enable_router': False,
    'enable_quotas': False,
    'enable_distributed_router': False,
    'enable_ha_router': False,
    'enable_lb': False,
    'enable_firewall': False,
    'enable_vpn': False,
    'enable_fip_topology_check': False,
}
crudini --set /etc/openstack-dashboard/local_settings '' TIME_ZONE '"Asia/Shanghai"'
```

（3）修改/etc/httpd/conf.d/openstack-dashboard.conf 配置文件。

```
WSGIApplicationGroup %{GLOBAL}
```

2. 重启 Web 服务和会话存储服务

完成 Horizon 安装，重启 Web 服务和会话存储服务。

```
systemctl restart httpd.service memcached.service
```

3. 验证仪表板操作

（1）在/etc/openstack-dashboard/local_settings 配置文件中补充以下设置。

```
# WEBROOT 定义访问仪表板路径，注意路径末尾要加斜杠
WEBROOT = '/dashboard/'
# 以下两个选项分别定义登录和退出登录（注销）的路径
LOGIN_URL = '/dashboard/auth/login/'
LOGOUT_URL = '/dashboard/auth/logout/'
# LOGIN_REDIRECT_URL 选项定义登录重定向路径
LOGIN_REDIRECT_URL = '/dashboard/'
```

（2）修改完毕，执行"systemctl restart httpd.service"命令重启 Web 服务。

（3）访问 http://controller/dashboard 网址，图 8-6 所示为仪表板主界面。

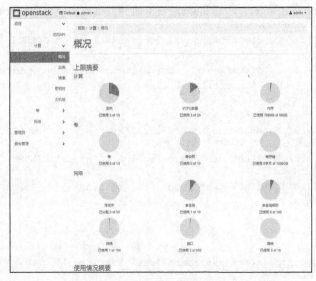

图 8-6 仪表板主界面

8.2.9 创建和操作虚拟机实例

实例是在云中的物理节点上运行的虚拟机个体。镜像是由一系列特定的文件按照规定格式制作，便于用户下载和使用的单一文件。创建虚拟机实例所用的镜像是一个完整的操作系统。镜像包括一个持有可启动操作系统的虚拟磁盘。实例运行过程中的任何改变都不会影响其基础镜像，基础镜像是只读的。

（1）准备镜像，默认镜像列表如图 8-7 所示。

图 8-7 默认镜像列表

（2）创建 Cirros 操作系统镜像，如图 8-8 所示。

图 8-8 创建 Cirros 操作系统镜像

（3）创建虚拟机实例，如图 8-9 所示。

创建实例		✕
详情	请提供实例的主机名，欲部署的可用区域和数量。增大数量以创建多个同样配置的实例。	？
源 ✱	实例名称 ✱	实例总计 (10 Max)
实例类型 ✱	Test	
网络	描述	**40%**
网络接口		
安全组	可用域	■ 3 当前用量
Key Pair	nova ▾	■ 1 已添加
配置	数量 ✱	■ 6 剩余量
服务器组	1	
scheduler hint		
元数据		
✕ 取消	‹返回 下一步› ☁ 创建实例	

图 8-9　创建虚拟机实例

（4）在控制台中测试实例的连通性。

8.3　搭建大数据平台

8-9　搭建大数据平台

在安装完成的虚拟机实例上搭建大数据平台。考虑到使用云平台实例进行搭建，安装方式和 5.6 节的相同，详细搭建过程可查阅该节，在此不赘述。

由于后面进行数据采集、数据预处理、数据分析和数据挖掘要使用库 Hive、Spark SQL、Zeppelin、Sqoop、Flume 等，因此下面讲解这些工具的安装。

8.3.1　数据仓库

数据仓库（Data Warehouse，DW）是很大的数据存储集合，出于企业的分析性报告和决策支持而创建，对多样的业务数据进行筛选与整合。它为企业提供一定的 BI（商务智能）能力，指导业务流程改进、时间监视，以及成本、质量控制。数据仓库的输入方是各种各样的数据源，最终的输出用于企业的数据分析、数据挖掘、数据报表等。

按照数据流入、流出的过程，数据仓库架构可分为 3 层——操作型数据仓储（Operational

Data Store，ODS）、数据仓库、数据应用（Data Application，DA）。数据仓库的数据来源于不同的 ODS，并提供多样的数据应用，数据自下而上流入数据仓库后向上层开放应用。

ETL 是将业务系统的数据经过抽取（Extract）、转换（Transform）、清洗之后加载（Load）到数据仓库的过程，目的是将企业中分散、零乱、标准不统一的数据整合到一起。

使用 Zeppelin 来连接 Spark SQL 的 Thrift Server，可以直观地查看 Hive 中的数据，也可以用图表的方式展示数据。

8.3.2　安装 Hive

（1）使用 MySQL 数据库作为 Hive 的元数据存储，在安装 Hive 之前，必须安装好 MySQL。

```
yum -y install mysql mysql-server mysql-delvel
```

（2）安装好 MySQL 后上传已经下载好的 Hive 到操作系统，然后安装。

```
tar -zxvf /soft/ apache-hive-2.1.0-bin.tar.gz -C /app/
```

（3）修改 /exc/profile 文件，配置 Hive 的环境变量。

```
#HIVE_HOME
export HIVE_HOME=/app/hive
export PATH=$PATH:$HIVE_HOME/bin
```

（4）将 hive-env.sh.template 文件复制并命名为 hive-env.sh。修改 hive-env.sh 文件。

```
HADOOP_HOME=/app/Hadoop/
HIVE_CONF_DIR=/app/hive/conf/
```

（5）修改 hive-site.xml 文件。

```
<value>jdbc:mysql://10.0.0.110:3306/metastore?createDatabaseIfNotExist=true</value>
 <value>root</value>
  <value>123456</value>
```

（6）上传 MySQL 驱动程序。将 mysql-connector-java-5.1.27-bin 上传到/app/hive/lib。

（7）初始化 Schematool。

```
schematool -dbType mysql -initSchema
```

（8）启动 Hive。

8.3.3　安装 Spark

（1）解压文件。

```
tar -zxvf /soft/spark-2.3.0-bin-hadoop2.7.tgz
```

（2）将 spark-env.sh.template 文件复制并命名为 spark-env.sh。

```
cp spark-env.sh.template spark-env.sh
```

（3）修改 spark-env.sh 文件，在该文件的最后位置添加以下内容。

```
#配置Java环境变量
export JAVA_HOME= /app/java/
#指定Master的IP地址
```

```
export SPARK_MASTER_HOST=Hadoop
#指定 Hadoop 的端口
export SPARK_MASTER_PORT=7077
```

8.3.4　安装 Zeppelin

（1）将上传到操作系统的 Zeppelin 进行解压缩。

```
tar -zxvf /soft/zeppelin-0.9.0-preview1-bin-all.tgz -C ../app
```

（2）将 zeppelin-site.xml.template 复制并命名为 zeppelin-site.xml。

```
cp zeppelin-site.xml.template zeppelin-site.xml
```

（3）修改配置文件。

```
<property>
    <name>zeppelin.server.addr</name>
    <value>10.0.0.110</value>
    <description>Server binding address</description>
</property>
<property>
    <name>zeppelin.server.port</name>
    <value>8000</value>
    <description>Server port .</description>
</property>
```

（4）将 zeppelin-env.sh.template 复制并命名为 zeppelin-env.sh。

```
cp zeeplelin-env.sh.template zeppelin-env.sh
```

（5）修改 zeppelin-env.sh 配置文件。

```
export JAVA_HOME=/app/java
export HADOOP_CONF_DIR=/app/Hadoop/etc/Hadoop
```

（6）进入 Zeppelin 安装目录下的 bin 目录启动 Zeppelin。

（7）将 Hive 的配置文件复制到 Zeppelin 的 conf 目录下。

```
cp /app/hive/conf/hive-site.xml /app/zeppelin/conf
```

（8）复制 Hive 和 Hadoop 的 JAR 包到 Zeppelin 的 jdbc 目录下。

（9）配置完成。打开浏览器，访问网址 http://10.0.0.110:8000，即可进入 Zeppelin 管理界面，进行后续操作管理。

8.3.5　安装 Sqoop

（1）上传 sqoop-1.4.6.bin__hadoop-2.0.4-alpha.tar.gz 到操作系统并解压改名。

```
tar -zxvf /soft/sqoop-1.4.6.bin__hadoop-2.0.4-alpha.tar.gz -C /app/
```

（2）编辑/etc/profile 文件，添加 SQOOP_HOME 变量，并且将$PATH:$SQOOP_HOME/bin 添加到 PATH 变量中。

```
export SQOOP_HOME=/app/sqoop
export PATH=$PATH:$SQOOP_HOME/bin
```

（3）复制并修改 Sqoop 配置文件。

```
cp sqoop-env-template.sh sqoop-env.sh
export  HADOOP_COMMON_HOME=/app/hadoop/
export  HADOOP_MAPRED_HOME=/app/hadoop/
export  HIVE_HOME=/app/hive/
```

（4）将 MySQL 驱动包上传到 Sqoop 的 lib 下。

8.3.6 安装 Flume

（1）上传安装包 apache-flume-1.8.0-bin.tar.gz 到操作系统并解压改名。

```
tar -zxvf /soft/apache-flume-1.8.0-bin.tar.gz -C /app/
```

（2）编辑/etc/profile 文件，添加 FLUME_HOME 变量，并且将$PATH:$FLUME_HOME/bin 添加到 PATH 变量中。

```
export FLUME_HOME=/app/flume
export PATH=$PATH:$FLUME_HOME/bin
```

（3）复制并修改 Flume 配置文件。

```
cp flume-env.sh.template flume-env.sh
export JAVA_HOME=/app/java/
```

8.4 大数据采集与预处理

8-10 大数据
采集与预处理

针对不同的数据源，大数据采集的方法主要有：数据库采集，传统企业会使用传统的关系数据库 MySQL 和 Oracle 等来存储数据；系统日志采集，收集公司业务平台日常产生的大量日志数据，供离线和在线的大数据分析系统使用；网络数据采集，通过网络爬虫或网站公开 API 等方式从网站上获取数据信息，并将其存储在本地的存储系统中；感知设备数据采集，通过传感器、摄像头和其他智能终端自动采集信号、图片或录像来获取数据。

8.4.1 数据采集

Flume 是一个分布式、可靠、高可用的海量日志采集、聚合和传输的系统。它可以采集文件、Socket 数据包等各种形式的源数据，也可以将采集到的数据输出到 HDFS、HBase、Hive、Kafka 等众多外部存储系统中。

以采集某出行打车业务系统中保存的日志文件数据为例。

（1）每当用户发起打车请求时，后台系统都会产生一条日志数据，并形成如下文件。

```
b05b0034cba34ad4a707b4e67f681c71,15152042581,109.348825,36.068516,陕西省,西安市,78.2,
男,软件工程,70后,4,1,2022-6-23 20:54,0,,2022-6-23 20:06
```

（2）当用户取消订单时，也会在系统后台产生一条日志，如下。此时，用户需要选择取消订单的原因。

```
ae5c114b4c014634840c24373bcb83bb,13905227376,103.719252,26.314714,甘肃省,庆阳市,19.5,
男,新能源,80后,4,2022-6-23 8:44
```

（3）用户单击确认支付后，系统后台会将用户的支持信息保存为一条日志，如下。

```
c182c4751bbb412e853e834803801352,b05b0034cba34ad4a707b4e67f681c71,109.348825,36.06
8516,陕西省,宝鸡市,124.5,72.3,8,44.6,0,,1,9.2,2022-6-23 16:37
```

（4）用户单击提交评价后，系统后台也会产生一条日志，如下。

```
f9a212bf7a1f4f7399e2bea018ff52b3,b05b0034cba34ad4a707b4e67f681c71,1*15204***1,陕西
省,铜川市,5,2022-6-23 17:34
```

8.4.2　数据预处理

数据预处理是数据仓库开发中的一个重要环节，目的主要是让预处理后的数据更容易进行数据分析，并且能够将一些非法的数据处理掉，避免影响实际的统计结果。

（1）过滤掉 order_time 字段长度小于 8 的数据。如果 order_time 字段长度小于 8，表示数据不合法，不应该参与统计。

（2）将一些用 0、1 表示的字段处理为更容易被人理解的字段。例如：subscribe 字段，0 表示非预约，1 表示预约，需要添加一个额外的字段，用来展示非预约和预约信息，以更容易看懂数据。

（3）设 order_time 字段表示为 2022-6-23 1:15，为了更方便将来处理，统一使用类似 2022-06-23 01:15 的形式来表示，这样所有的 order_time 字段长度是一样的，并且容易获取日期数据。

（4）为了方便将来按照年、月、日、小时统计，需要新增字段。

（5）后续要分析在一天内不同时段的订单量，需要在预处理过程中将订单对应的时间段提前计算出来。例如：1:00—5:00 为凌晨。

（6）预处理 SQL 语句如下。

```
select
    subscribe
    case when subscribe = 0 then '非预约'
        when subscribe = 1 then'预约'
    end as subscribe_name
     date_format(order_time, 'yyyy-MM-dd') as order_date
    year(date_format(order_time, 'yyyy-MM-dd')) as order_year
    ……
    case when hour(date_format(order_time, 'yyyy-MM-dd HH:mm')) > 1 and hour(date_
format(order_time, 'yyyy-MM-dd HH:mm')) <= 5 then '凌晨'
        else 'N/A'
        end as order_time_range
        date_format(order_time, 'yyyy-MM-dd HH:mm') as order_time
    from ods_didi.t_user_order where dt = ' 2022-06-23' and  length(order_time)>8
```

8.5　大数据实时分析

基于 Spark 引擎来进行数据开发，所有的应用程序都将运行在 Spark 集群上，这样可以保证数据被高性能地处理，然后使用 Zeppelin 来快速将数据进行 SQL 指令交互，最后使用处理好的数据编写 HQL 语句并进行实时分析。由于在处理大规模数据时每次都需要占用较长时间，并将计算好的数据直接保存下来，以便快速查询数据结果，因此需要创建应用层表，保存的数据为某天的总订单数。

8-11　大数据
实时分析

8.5.1　订单指标分析——订单总数量

1. 计算 6 月 23 日总订单数——编写 HQL 语句

```
select
 count(orderid) as total_cnt
from
 dw_didi.t_user_order_wide
where
 dt = ' 2022-06-23'
```

2. 创建并保存日期对应订单数的 App 表

```
create table if not exists app_didi.t_order_total(
    date string comment '日期（年月日)',
    count integer comment '订单数'
)
partitioned by (month string comment '年月，yyyy-MM')
row format delimited fields terminated by ','
```

3. 加载数据到 App 表

```
insert overwrite table app_didi.t_order_total partition(month='2022-06')
select
 ' 2022-06-23',count(orderid) as total_cnt
From dw_didi.t_user_order_wide
Where   dt = '2022-06-23'
```

8.5.2　订单指标分析——预约订单/非预约订单占比

1. 编写 HQL 语句

```
select
    subscribe_name,
    count(*) as order_cnt
from
    dw_didi.t_user_order_wide
where
    dt = '2022-06-23'
group by
    subscribe_name
```

2. 创建 App 表

```
create table if not exists app_didi.t_order_subscribe_total(
    date string comment '日期',
    subscribe_name string comment '是否预约',
    count integer comment '订单数量'
)
partitioned by (month string comment '年月，yyyy-MM')
row format delimited fields terminated by ','
```

3. 加载数据到 App 表

```
insert overwrite table app_didi.t_order_subscribe_total partition(month = '2022-06')
select
```

```
    '2022-06-23',
    subscribe_name,
    count(*) as order_cnt
from
    dw_didi.t_user_order_wide
where
    dt = '2022-06-23'
group by
    subscribe_name
```

8.5.3　订单指标分析——不同时段订单占比

1．编写 HQL 语句

```
select
    order_time_range,
    count(*) as order_cnt
from
    dw_didi.t_user_order_wide
where
    dt = '2022-06-23'
group by
    order_time_range
```

2．创建 App 表

```
create table if not exists app_didi.t_order_timerange_total(
    date string comment '日期',
    timerange string comment '时间段',
    count integer comment '订单数量'
)
partitioned by (month string comment '年月，yyyy-MM')
row format delimited fields terminated by ','
```

3．加载数据到 App 表

```
insert overwrite table app_didi.t_order_timerange_total partition(month = '2022-06')
select
    '2022-06-23',
    order_time_range,
    count(*) as order_cnt
from
    dw_didi.t_user_order_wide
where
    dt = '2022-06-23'
group by
    order_time_range
```

8.5.4　订单指标分析——不同地域订单占比

1．编写 HQL 语句

```
select
    province,
    count(*) as order_cnt
from
```

```
    dw_didi.t_user_order_wide
where
    dt = '2022-06-23'
group by
    province
```

2. 创建 App 表

```
create table if not exists app_didi.t_order_province_total(
    date string comment '日期',
    province string comment '省份',
    count integer comment '订单数量'
)
partitioned by (month string comment '年月, yyyy-MM')
row format delimited fields terminated by ','
```

3. 加载数据到 App 表

```
insert overwrite table app_didi.t_order_province_total partition(month = '2022-06')
select
    '2022-06-23',
    province,
    count(*) as order_cnt
from
    dw_didi.t_user_order_wide
where
    dt = '2022-06-23'
group by
    province
```

8.5.5 订单指标分析——不同年龄段/时段订单占比

1. 编写 HQL 语句

```
select
 age_range,
 order_time_range,
 count(*) as order_cnt
from
 dw_didi.t_user_order_wide
where
 dt = '2022-06-23'
group by
 age_range,
 order_time_range
```

2. 创建 App 表

```
create table if not exists app_didi. t_order_age_and_time_range_total (
date string comment '日期',
age_range string comment '年龄段',
order_time_range string comment '时段',
count integer comment '订单数量'
)
partitioned by (month string comment '年月, yyyy-MM')
row format delimited fields terminated by ','
```

3．加载数据到 App 表

```
insert overwrite table app_didi.t_order_age_and_time_range_total partition(month =
'2022-06')
select
 '2022-06-23',
 age_range,
 order_time_range,
  count(*) as order_cnt
from
  dw_didi.t_user_order_wide
where
  dt = '2022-06-23'
group by age_range, order_time_range
```

8.6 用户行为可视化

Superset 是一款目前开源的现代化企业级 BI。它是比较好用的一款数据分析和可视化工具，功能简单但可以满足我们对数据的基本需求，支持多种数据源，图表类型多，易维护，易进行二次开发。我们使用 Sqoop 将分析后的数据导出到传统数据库，然后用 Superset 来实现数据可视化展示。

8-12 用户行为
可视化

1．安装 Superset

```
pip install superset
```

2．启动 Superset

```
superset run -h 10.0.0.110 -p 8099 --with-threads --reload -debugger
```

3．页面访问

（1）通过 Web 页面访问地址 http://10.0.0.110:8099，如图 8-10 所示。

图 8-10　通过 Web 页面访问地址

（2）连接 MySQL 数据库，如图 8-11 所示。

（3）选择表数据源，添加表连接，如图 8-12 所示。

（4）设置表连接相关参数，如图 8-13 所示。

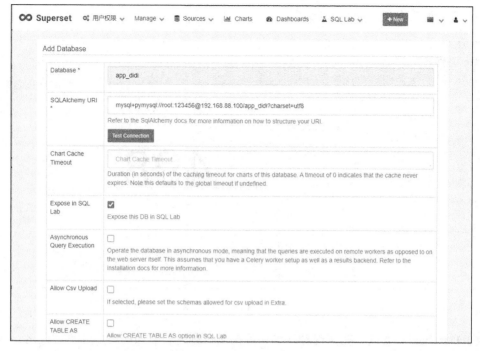

图 8-11　连接 MySQL 数据库

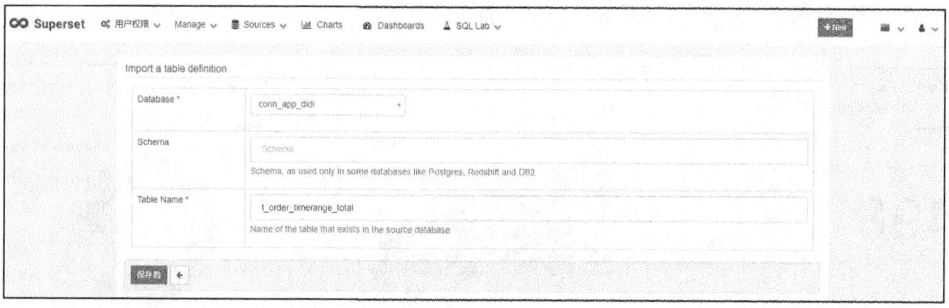

图 8-12　添加表连接

图 8-13　设置表连接相关参数

（5）设置图表参数，如图 8-14 所示。

图 8-14　设置图表参数

（6）Dashboard 看板。在实现总订单数可视化、预约和非预约用户订单可视化、不同时段订单可视化、不同地域订单可视化、不同年龄段和时段订单可视化之后，我们可以将这些图表集中在一个看板，便于分析，如图 8-15 所示。

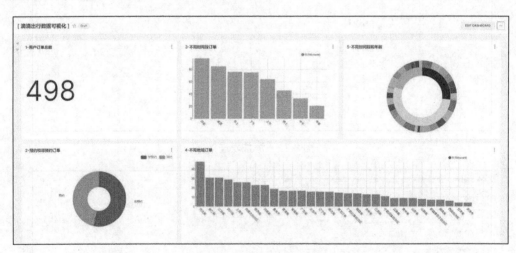

图 8-15　Dashboard 看板

习　题

一、选择题

1.（　　）是一个开源的云计算管理平台项目，是一系列软件开源项目的组合。

    A．Hadoop   B．OpenStack   C．Spark   D．Hive

2．（   ）负责提供虚拟机镜像的存储、查询和检索功能，为 Nova 提供服务，依赖于存储服务（存储镜像本身）和数据库服务（与存储镜像相关的数据）。

  A．Nova   B．Keystone   C．Glance   D．Neutron

3．（   ）是一个很大的数据存储集合，出于企业的分析性报告和决策支持目的而创建，能对多样的业务数据进行筛选与整合。

  A．DW   B．ODS   C．DA   D．ETL

4．使用（   ）来连接 Spark SQL 的 Thrift Server，可以直观地查看 Hive 中的数据，也可以用图表的方式展示数据。

  A．Superset   B．ZooKeeper   C．Zeppelin   D．Sqoop

二、填空题

1．OpenStack 提供多种服务，允许用户根据需求即插即用组件，它主要包括 6 个核心组件：_____、_____、_____、_____、_____、_____。

2．搭建 OpenStack 云计算管理平台，_____负责提供以 Web 形式对所有节点的所有服务进行管理。

3．按照数据流入流出的过程，数据仓库架构可分为_____、_____、_____3 层。

三、简述与分析题

1．以 OpenStack 为例分析和简述云计算平台如何部署。

2．分析和简述大数据处理数据的基本流程。

3．以 Hadoop 为例分析和简述大数据平台如何部署。

[1] 王伟, 郭栋, 张礼庆, 等. 云计算原理与实践[M]. 北京: 人民邮电出版社, 2018.

[2] 顾炯炯. 云计算架构技术与实践[M]. 2 版. 北京: 清华大学出版社, 2016.

[3] 凯文·L.杰克逊, 斯科特·戈斯林. 云计算解决方案架构设计: 构建高效并有效管理风险的云策略[M]. 陆欣彤, 译. 北京: 清华大学出版社, 2019.

[4] 张靓, 裔隽, 金建明, 等. 企业迁云之路[M]. 北京: 机械工业出版社, 2019.

[5] 徐小龙. 云计算与大数据[M]. 北京: 电子工业出版社, 2021.

[6] 挪亚·吉夫特. 数据工程师必备的云计算技术[M]. 刘红泉, 译. 北京: 机械工业出版社, 2021.

[7] 阿里云智能-全球技术服务部. 企业迁云实战[M]. 2 版. 北京: 机械工业出版社, 2019.

[8] 张尧学, 胡春明. 大数据导论[M]. 2 版. 北京: 机械工业出版社, 2021.

[9] 薛志东, 吕泽华, 陈长清, 等. 大数据技术基础[M]. 北京: 人民邮电出版社, 2018.

[10] 朝乐门. 数据科学理论与实践[M]. 2 版. 北京: 清华大学出版社, 2019.

[11] 鲁蔚征. Flink 原理与实践[M]. 北京: 人民邮电出版社, 2021.

[12] 黑马程序员. 大数据项目实战[M]. 北京: 清华大学出版社, 2020.

[13] 赵德宝, 钟小平, 涂刚, 等. OpenStack 云计算平台实战（微课版）[M]. 北京: 人民邮电出版社, 2021.

[14] 黑马程序员. Hive 数据仓库应用[M]. 北京: 清华大学出版社, 2021.

[15] 黑马程序员. Spark 项目实战[M]. 北京: 清华大学出版社, 2021.

[16] 肖睿, 刘震, 王浩, 等.Docker 容器技术与高可用实战[M]. 北京: 人民邮电出版社, 2019.

[17] 黑马程序员.NoSQL 数据库技术与应用[M]. 北京: 清华大学出版社, 2020.

[18] 石胜飞. 大数据分析与挖掘[M]. 北京: 人民邮电出版社, 2018.

[19] 刘彬斌, 李柏章, 周磊, 等.Hadoop+Spark 大数据技术（微课版）[M]. 北京: 清华大学出版社, 2018.